UP! 10分鐘美胸操！

打造20歲彈性肌＋黃金比例好身材，
身體從內到外變美麗！

Wellness Life研究所所長
神藤多喜子
著

Contents 目錄

靠自己就能打造理想美胸！

Lesson 2

現在馬上開始練習美胸操

Lesson 3 維持20歲身體的6大秘密

序

胸部是瞭解自我健康狀況的感應器

看到「美胸操」這個標題，就順手拿起這本書的讀者，多半應該是想靠它讓胸部變大吧！當然，只要你持之以恆，每天持續做本書介紹的美胸操，的確可以塑造出最符合個人體型、大小適中的胸部，可是，這本書的目的與功效，不僅僅是讓胸部變大而已。更希望的是你可以從自我保養胸部的過程中，徹底瞭解自己的身體，進而綻放出健康美麗的光彩。

你是否曾經仔細觸摸過自己的胸部？有沒有注意到，胸部變得僵硬或冰冷？換個角度來說，胸部就如同是瞭解女性身體健康的感應器。從胸部的狀態，就能進一步瞭解這個人的身體及賀爾蒙狀態如何。所以，由衷期盼你能利用這本書所介紹的美胸操，重新調整適合個人的生活模式，打造出神采奕奕，讓人怦然心動的誘人身材。

可以輕易塑造美胸的理由

女性的胸部是以賀爾蒙來聯繫與子宮及卵巢之間健康關係的。當胸部變得僵硬冰冷時，代表血液及體液的循環狀態不佳，子宮及卵巢也極有可能受涼，而美胸操正可以有效打造出不會寒冷的體質，可以改善此狀況。除此之外，本書也介紹了進行美胸操時，適合搭配的呼吸法，只要相互配合，便可達到雙倍效果！美胸操不僅能調整胸部大小及形狀，也有助於改善怕冷、肩頸僵硬、生理痛等問題，甚至還有美肌效果，哺乳之後，胸型依舊漂亮如昔等，這些全都是對女性非常有幫助的功效！而且美胸操是一天只花10分鐘從事的簡單運動，很容易長期做下去，一點兒都不困難。就從今天開始，利用美胸操打造出迷人的魔鬼身材吧！

Wellness Life研究所所長

神藤多喜子

Lesson 1

靠自己就能打造理想美胸！

想打造出彷彿豐胸過的整型級美胸，其實非常簡單。
可是，只要胸部外型變漂亮，你就感到心滿意足了嗎？
依照個人體質搭配生活習慣及美胸操，
不僅能改變外表，還可以由內而外，雕塑出迷人身材，
這就是美胸操最有魅力的地方。

利用美胸操改善問題

徹底解決女性容易遇到的煩惱！

寒冷體質

你是否一整天都待在舒適的冷氣房環境內，經常飲用冰涼飲品，而且比起禦寒，更愛穿跟上流行的時尚服裝？現代人的生活，從內到外都容易讓身體受涼，也難怪會造就出寒冷的體質。如果持續維持這種生活習慣，只會讓情況一直惡化下去，更別說有機會改善。

所以，建議若是待在無法關掉冷氣空調的辦公室環境，請一定要穿上開襟衫外套，讓身體免於受涼。而除了調整生活環境之外，也可以藉由按摩胸部周圍的肌肉，來提高血液及淋巴液的循環機能，加速體內代謝速度，改善寒冷體質。

便秘

隨著現代人的生活模式日趨西化，越來越多人從小就有便秘的傾向，並且對此束手無策。事實上，若是能調整個人的飲食習慣，即使是有便秘問題的人，其實一樣可以獲得改善。東方人的腸道比較長，飲食方式最好採取傳統的三菜一湯比較合適。而且相較於麵包、義大利麵等以麵粉為原料的主食，最好也能改成米飯類。

另外，大量攝取蔬菜這點也相當重要。假使不想讓身體變寒冷，又要大量攝取蔬菜，選擇蒸煮方式料理會更優於吃生菜沙拉。有便秘問題的人，通常腸道的蠕動速度較差，自律神經也不協調。這時請利用書裡教授的「乾布摩擦按摩」（P57）來讓血液循環變好，從體內開始變溫暖。

焦躁不安

女性賀爾蒙包含「雌激素」與「黃體素」2種。生理期過後，「雌激素」會提高分泌量；這種賀爾蒙的作用是促進排卵，讓乳腺發達、增厚子宮內膜。排卵之後，「黃體素」的分泌量提高，這是讓女性繼續懷孕，或剝離不需要的絨毛膜，使子宮變乾淨的賀爾蒙。

女性深受這2種賀爾蒙支配，一旦賀爾蒙不平衡，就容易出現各種不協調狀況。例如生理期來之前，情緒容易感到焦躁不安，其實這就是賀爾蒙失去平衡的關係。只要利用美胸操，就可以自然而然地調整賀爾蒙的平衡。

肥胖

肥胖是因為運動不足及攝取高卡路里的飲食生活所造成。以東方人為例，大部分人都屬於「浮腫型肥胖」，這是微血管及淋巴液循環不良而導致的結果。

尤其肌肉量比男性還少的女生，更容易形成浮腫。而且肌力逐年下降，也很容易陷入惡性循環。假如你是屬於「浮腫型肥胖」的人，只要讓淋巴液及微血管維持良好循環，就可以解決這個問題，而美胸操有很好的改善效果。

肌膚問題

肌膚問題主要是賀爾蒙不平衡導致。而皺紋、黯沉、鬆弛問題的產生，則是因為肌膚沒有按照週期，再次新生的緣故。增加鎖骨以上的血液量，讓血液循環變好，就可以獲得改善。想加強鎖骨以上的循環，就得改善胸部周圍的血液及淋巴液循環。首先，你必須從美胸操開始做起。

生理痛

在黃體素大量分泌期間，若身心累積了許多壓力，就容易引起生理痛。此外，有嚴重生理痛的人，通常反而會在生理期內過度使用身體或飲食過量。生理期來的時候，消化能力降低，因此，這2天最好減少用餐的分量，盡量避免攝取難以消化的刺激性食物等。另外，身體完全不運動，一整天盯著電腦，過度用眼，也絕對是NG行為！這段期間女生其實應該要比平常更加倍善待身體。

月經是把體內不要的東西排出體外的生理現象。體內毒素太多，經血會增加；子宮受涼，也容易引發生理痛。最好利用美胸操，讓子宮周圍保持溫暖。

浮腫

造成浮腫的主要原因有：穿著矯正曲線的調整型內衣、踩著對雙腳造成極大負擔的高跟鞋或包鞋、鹽分攝取過量、肌力不夠等等。在意身體曲線，每天都要穿著緊繃的調整型內衣，或工作上必須穿高跟鞋的人，至少在假日要讓身體休息放鬆，減輕負擔。

忙碌現代人在外食飲食生活中，常常不知不覺就攝取了過多的鹽分，因此，最好的方法就是親自下廚，自己掌控鹽分，烹調出美味健康餐點。即使剛開始只在假日這麼做也沒關係，但是盡可能在能力所及的範圍內，稍微改變對服裝及飲食生活的觀念。如果感到身體浮腫，最重要的是，立即疏通淋巴液。請利用美胸操（尤其是乾布摩擦按摩法）馬上為自己消除浮腫吧！

不管尺寸大還是小！

這才是最理想的美胸

何謂胸部的黃金比例？

❶ 左右都呈倒正三角形的胸部
連接鎖骨中央與左右肩的線條，以這條線為底邊，倒三角形的頂點落在乳頭上，呈現和右圖一樣的比例，就是擁有黃金比例的胸部。

❷ 頂點落在上手臂1/2的胸部
基本上，東方女性的胸部屬於柔軟圓潤的碗型。胸部的頂點剛好落在肩膀與手肘長度的正中央，就是有著黃金比例的美胸。

>>> 完美胸型的4個條件

1 搖晃的胸部

指的是可以隨意搖晃的胸部，擁有這種柔軟度非常重要。搖晃胸部可以改善血液、淋巴液等體液循環，累積優質脂肪，讓胸部變得柔軟有彈性。

2 不下垂的胸部

韌帶彈力不足或肌力衰退時，胸部就會下垂。只要恢復韌帶及大胸肌的彈性與張力，即可以讓胸部維持在最佳的位置上。

3 粉嫩膚色的胸部

胸部的血液循環良好，就會呈現粉嫩的膚色。胸部的氣色變好，還能防止頸部、臉部產生皺紋、鬆弛、老化。

4 沒有外擴的胸部

往外擴的胸型看起來一點都不漂亮。沒有下垂、外擴才是健康的胸部。只要持續做美胸操，就可以維持理想的胸型。

為了自己而美麗！

比展現巨乳更重要的事

COLUMN 1

男性喜愛大胸部勝過小胸部是不爭的事實，所以，有不少女性因為平胸而煩惱，或者為了男友而想讓胸部變大一點。可是，「受異性歡迎，可以結婚過得幸福」與「大胸部」根本就無法劃上等號，相信越來越多的女生應該都注意到這件事了吧！

胸部較大的女性，或許會被視為是性感的對象，可是這樣你就滿足了嗎？難道你不覺得，女性並不需要只為了吸引異性的目光，而以巨乳為目標嗎？

但話雖如此，鬆垮下垂、粗糙乾燥的胸部，不僅外觀不好看，也代表著你的健康指數亮起了黃燈！因此，擁有健康又美觀的胸部，對自己而言，是非常重要的事情。另外，巨乳也容易引起肩頸酸痛、循環不順。所以，請別以巨乳為目標，而是應該追求擁有一對符合個人體型的「漂亮胸部」。

如同上頁介紹過的「倒正三角形，頂點落在上臂1/2的位置」，這種胸部最理想。此外，若是能達到「搖晃」、「沒有下垂」、「粉紅膚色」、「沒有外擴」等4個條件，就稱得上是完美的胸部了。

當你塑造出美麗雙峰之後，就能隨心所欲擺動身體，呈現柔軟、有彈性的質感。上班時，內搭一件普通的內衣，展現出合宜的上班族女性魅力造型；晚餐約會時，選擇略微擠出乳溝的內衣，就能自然流露出些許性感；運動時，穿上容易活動的運動型內衣，馬上就表現出充滿活力的女性氣質……你可以像這樣，依照場合，恣意表現雙峰的魅力。

所以，請持續用美胸操，來創造出「美麗的胸部」吧，千萬別以巨乳來當成女生追求的唯一目標。

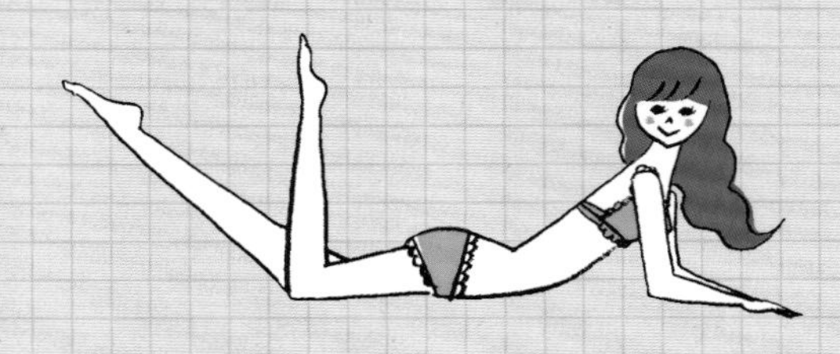

你有善待自己的胸部嗎？

檢視你的生活習慣！

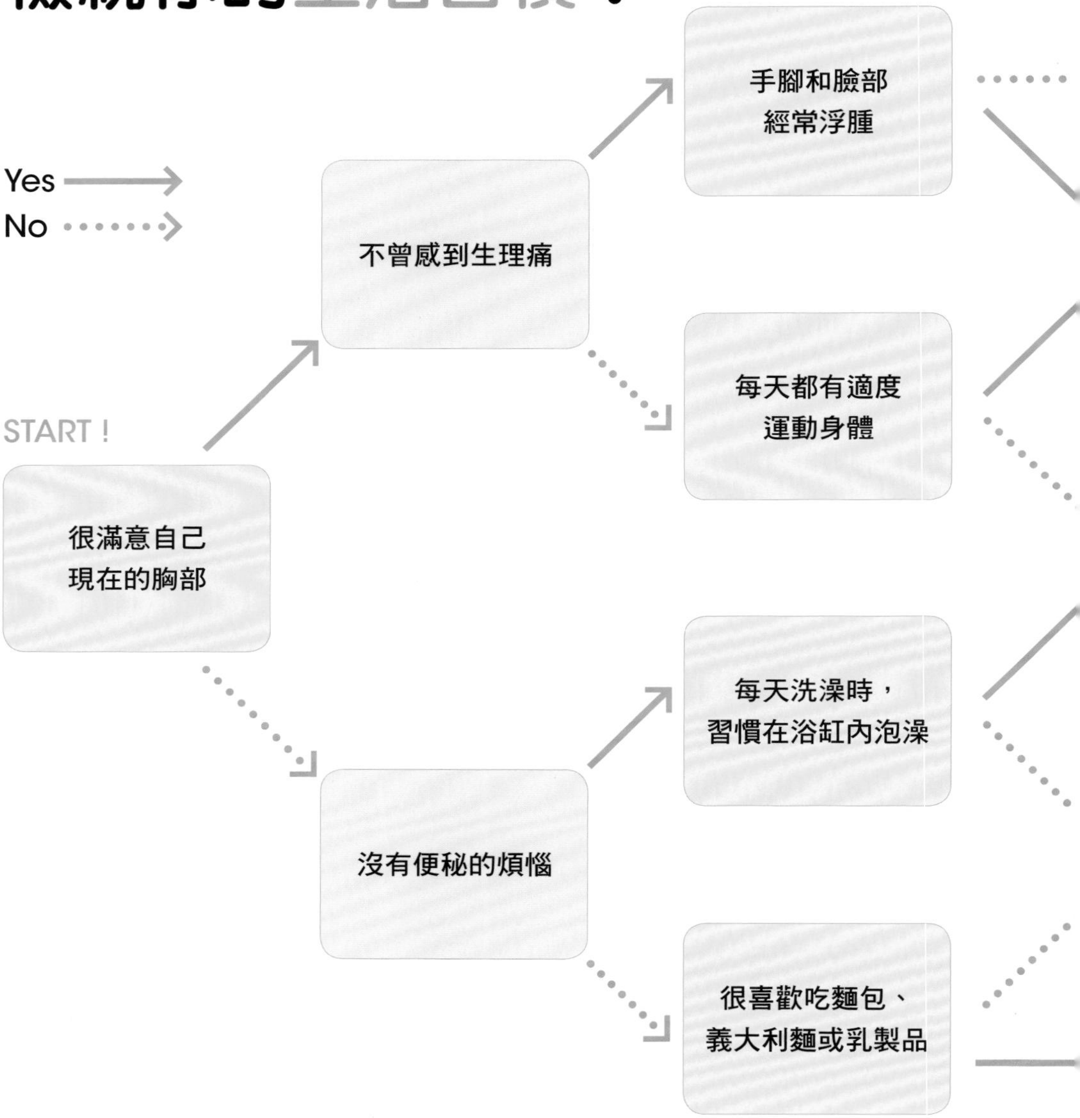

Yes →
No ⋯→

START！

很滿意自己
現在的胸部

不曾感到生理痛

沒有便秘的煩惱

手腳和臉部
經常浮腫

每天都有適度
運動身體

每天洗澡時，
習慣在浴缸內泡澡

很喜歡吃麵包、
義大利麵或乳製品

開始練習美胸操之前，請先檢視你每天的生活習慣。
回想一下平常的生活方式，請從「START！」開始作答。

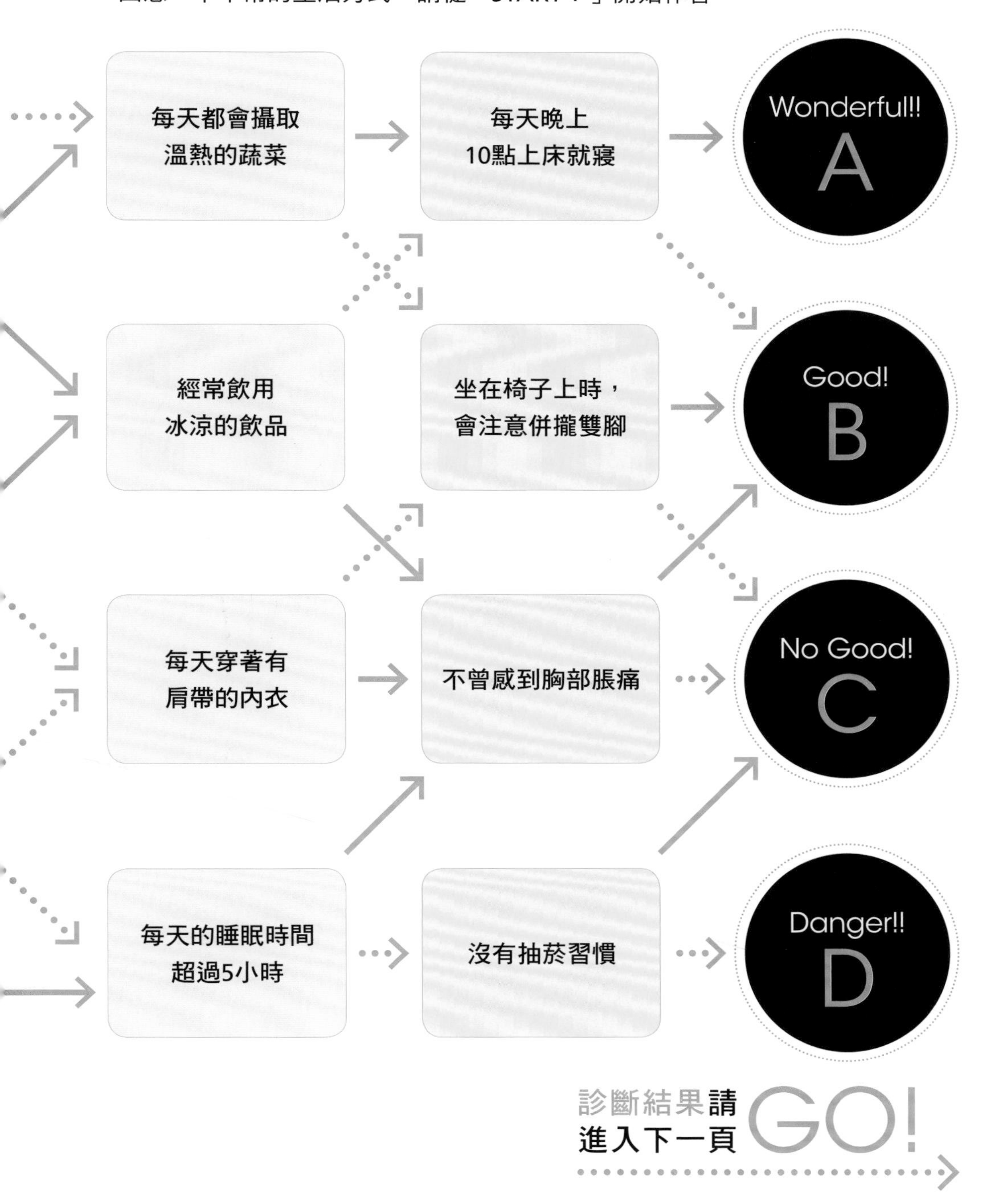

診斷結果請
進入下一頁 GO!

檢視生活習慣的 診斷結果

請從上一頁的生活習慣檢查，找出自己屬於A～D中的哪一型，再確認該類型的特色。當你開始練習美胸操，改變生活習慣與體質之後，不妨再做一次診斷，驗收成果，你就可以知道自己哪裡不同囉！

只要開始練習美胸操，就可以讓自己變成更有魅力的女性！

開始練習美胸操之後，你一定可以成為更迷人的女性。生活方式只要維持現狀即可。由於你的作息正常規律，只要在早晚練習美胸操，就能夠輕鬆維持良好狀態。基本上你的生活習慣很正確，所以可以讓美胸操快速展現成效。請利用美胸操鍛鍊身體與心靈吧！

每週一天 當作自我療癒日，開始練習美胸操！

雖然你目前過著不會輕易破壞身體狀態、健康的生活，可是考量到以後，最好還是能夠從現在開始練習美胸操。另外，和生菜沙拉相比，你比較適合攝取蒸煮過的溫熱蔬菜。每週選擇一天，在晚上10點～半夜2點之間進入沉睡夢鄉，當作自我療癒日。如果想要養成運動身體的習慣，就請從美胸操開始著手吧！

現在的你可能還沒發現，但其實身體狀況已經亮黃燈了！

或許你還沒有感到身體上的不適，可是現在這種生活作息模式若持續下去，恐怕就會導致女性賀爾蒙失去平衡。你的身體狀況已經開始亮黃燈了；當胸部感到寒冷時，正是體液循環停滯的警訊。為了避免子宮受涼，請從今天開始練習美胸操吧！並且，改掉冰飲習慣，飲用可以從內溫暖身體的熱開水，也有不錯的效果。

改變現在的生活方式，養成善待自己的生活習慣！

你現在的生活方式非常糟糕，恐怕連你自己都沒有發現。請立即改善不好的生活習慣，並且開始練習美胸操吧！首先，要控制菸癮，盡量每天晚上泡澡。另外，也要刻意增加睡眠時間，過著每週一天，晚上10點就上床就寢的生活。同時要注意飲食，最好能大量攝取蒸煮過的蔬菜。

深入瞭解美胸操的原理之前

先瞭解胸部的組織結構

胸部開始下垂或逐漸縮小，背後一定都有原因。
如果想要擁有一對漂亮的雙峰，
請先從瞭解胸部的組織結構開始著手。

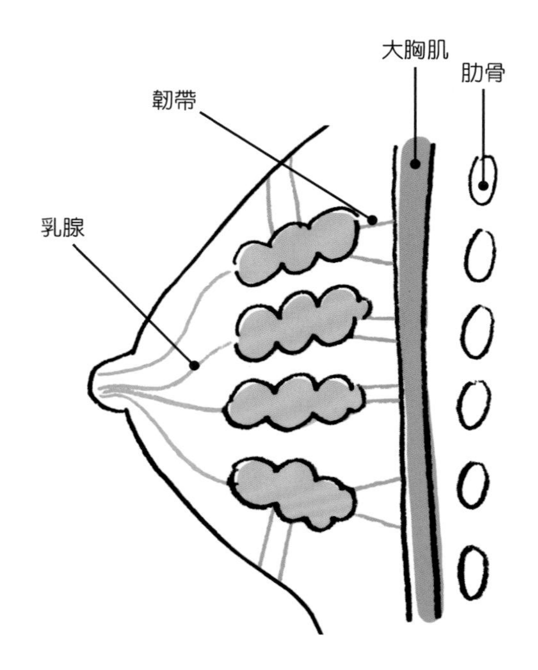

為什麼胸部會下垂？

胸部裡含有因雌激素分泌而發達、分泌母乳的「乳腺」組織。周圍有保護乳腺的脂肪，乳房上分布著血管、淋巴管、神經等組織，由「韌帶」負責支撐，位於「大胸肌」的肌肉上方。「大胸肌」的下面是「肋骨」，而淋巴液主要依靠支撐胸部的「大胸肌」發揮收縮力量來維持循環。

隨著哺乳後以及年齡增長，「乳腺」逐漸萎縮，支撐胸部的韌帶拉長，結果就會導致胸部下垂。

胸部隨時都在變化

胸部主要仰賴鎖骨往頸部傾斜的「胸鎖乳突肌」、「背部肌肉」、支撐胸部的「大胸肌」、位於上臂的「上臂三頭肌」等肌力支撐，而這些肌肉與胸部的血液、淋巴液循環有著密不可分的關係。

另外，胸部是藉由雌激素與黃體素等2種賀爾蒙，與子宮、卵巢產生關聯性。子宮與卵巢以28天的週期排卵、產生月經，因此胸部也會隨著相同週期，產生變大或縮小的變化。

瞭解你的體質
什麼是「Doshas」？

想要找出最適合自己的生活方式，
最重要的關鍵是——瞭解個人的體質。
找出Doshas比例，就能讓你由內而外變美麗。

每個人都擁有 3種「Doshas」

你有聽過「Doshas」這個名詞嗎？Doshas在印度的傳統醫學阿育吠陀（Ayurveda）裡，指的是成為心靈與身體基礎的生命能量。

在Doshas之中，又包括了「Vata」、「Pitta」、「Kapha」等3種類。每個人都擁有這3種體質，可是比例卻不盡相同。這個體質是父母親的精子與卵子結合時，視哪種能量占優勢而定。體質會受到父母親當時的體質比例、季節、時間、環境等因素左右，只要確定之後，基本上就不會改變。

可是，隨著年齡增長，生活環境、飲食習慣等影響，3種Doshas的比例將逐漸產生變化。

瞭解自己的體質
才能有效率地變健康！

阿育吠陀是源自古代印度的傳統醫學，其所秉持的理論是：打造不易生病的心靈與身體。只要阿育吠陀裡的「Vata」、「Pitta」、「Kapha」等3種Doshas的比例達到平衡，心靈與身體就能獲得健康。

食量小卻容易發胖的人、容易感到寒冷的人、一定要有大量睡眠，否則容易感到疲勞的人、脾氣暴躁的人、容易煩惱的人……等等，每個人都有自己的個性及特色，這點是理所當然的，不過除了生長環境、生活方式之外，Doshas的比例與體質更是有著密切關係。

所以，首先請先從瞭解個人的Doshas類型開始著手。只要瞭解自己屬於哪種類型，就能找出適合個人的生活方式。請進行下一頁的體質診斷，改變成最符合自己的健康生活方式吧！

利用25個檢查項目

診斷你的體質！

請針對以下25個項目，在「Vata」、「Pitta」、「Kapha」之間，選擇最接近個人狀態的答案。
統計選擇的類型數量後，就能瞭解你是哪種體質了。

	風（Vata）	火（Pitta）	水（Kapha）
體格	纖瘦型（脂肪少），身材高或矮	中等體型、中等身高（有適度的肌肉）	胸膛厚實（結實又豐滿）
體重	輕盈，不容易變重	普通，胖瘦增減程度很明顯	較重，很難瘦下來
體溫	較低，手腳冰冷	較高，身體溫暖	較低，表面冰冷
皮膚	比較乾燥、冰涼，容易出現皺紋	柔軟，觸摸時感到溫暖，黑痣、雀斑較多（容易曬傷）	肌膚光滑而且顏色白皙，膚質水嫩，易長油性痘痘
頭髮	乾燥、易分岔或受損，髮絲較細或普通	有明顯的少年白，毛髮較細，髮色略為偏紅	毛髮粗，有彈性、光澤，而且髮量豐盈
牙齒、嘴巴	牙齒大小不一，排列不整齊	牙齒偏黃，容易口乾舌燥	牙齒潔白，大小一致，嘴巴比較不會感到口乾舌燥
眼睛	經常轉動眼睛或眨眼	眼睛容易有血絲，目光銳利	瞳孔較大，眼神比較穩重
耐熱、耐寒	比較怕冷，但是耐熱	喜歡涼爽的氣候，容易出汗	很怕熱，比較耐寒冷
睡眠	睡眠淺而且不連續	很好睡，卻容易因為興奮而失眠	睡眠深且長
體力	體力及持久力都不好	有一定的體力與持久力	體力與持久力都很好
身體狀態	行動敏捷而且好動，卻會白費力氣	會去做有活動力、有興趣的事，不會浪費力氣	行動安靜穩定而且優雅，幾乎不太運動
平日的心理狀態	心理變化起伏激烈，很喜歡幻想	做事有效率，善於整理歸納，追求完美主義	穩重安定，很少出現動搖
思考模式	好奇心旺盛，有創造力。表現力豐富，天馬行空，集中力較差	有智慧，意志堅強，思慮清楚、熱情（適合當領導者），短期集中型	仔細周到，穩重而且容易滿足，欲望較低，長期持續型

	風（Vata）	火（Pitta）	水（Kapha）
記憶力	可以快速記憶，一旦沒有興趣，就會立刻忘記	理解力與記憶力都很好	需要花時間才能記憶、理解，卻能記住不忘
壓力反應	感到不安，懷抱著恐懼	想與壓力對抗，盡全力去挑戰	默默承受，鎖在自己的內心深處
行動類型	精神非常自由隨興，卻沒有計畫性，會突然採取行動，動作也很迅速	慎重訂出計畫，有野心，希望達成目標，不會白費力氣	習慣安全（保守），有固定的模式，討厭變化，走路或行動比較緩慢
性質	有順從性，熱心、想像力豐富，喜愛有趣的事物	有智慧、幽默感，勇敢而且正義感強烈，喜歡有意義的事情	誠實、寬大，值得信賴，喜歡在別人面前提出想法、奉獻自我
愉快時的情緒	親切、溫柔、活潑、喜愛幻想	充滿自信，開始滔滔不絕	安心、穩定、思考方式及行動都很踏實
傾向	對流行的事物很敏銳，喜歡購物，卻很快就轉移興趣	先判斷能否增加自我價值才會下手	對流行事物比較沒有興趣，一旦購買，就不會輕易丟棄
食慾及消化力	不規律，有時吃很多，有時卻不吃。整體而言，屬於食量較少者	食慾旺盛，食量很大，消化力也很強，肚子餓時，就感到煩躁不安	消化時間長，一餐不吃也不會造成明顯的影響
消化器官的症狀	腸道內易產生廢氣，也容易打嗝	會感到胃灼熱、胃痛、胃酸過多	很少感到不舒服
排便狀況	不規律，容易便秘，糞便形狀不規則	非常規律，一天至少1次以上，軟便，容易腹瀉	排便時間長，卻很規律。一旦便秘，糞便會變得粗硬
血管	手腳的靜脈明顯浮起	血管的彈性、張力普通	很難看到手腳的靜脈
關節	經常聽到喀喀喀的聲音	柔軟	較粗而且硬
鼻子	鼻子較乾燥	容易流鼻血	容易鼻塞
合計	／25	／25	／25

● Vata最多的人 …… P22-23 GO!
● Pitta最多的人 …… P24-25 GO!
● Kapha最多的人 …… P26-27 GO!
● 有2種Doshas相同數量的人 …… P29 複合體質 GO!

3種Doshas數量都一樣的人，代表體質呈現平衡狀態。

風型

（Vata Type）

Vata擁有風的元素，具備「動態、運送」的能量特色。主要掌管呼吸、運動手腳等活動功能、血液及體液的流動、消化後的食物搬運、排泄、思考及情感等五感。

體質與個性

身高屬於高或矮其中一種，是不容易發胖的體型。不過，有時體重也會出現激烈變化。肌膚及頭髮容易乾燥，食慾不規律，容易有便秘傾向。具有行動力，想像力也很豐富。對各式各樣的事物都感到興趣，卻只有三分鐘熱度。個性開朗活潑，內心卻很膽小。

容易引發的問題

- 手腳冰冷，變成寒冷體質。
- 腹部囤積廢氣，容易便秘。
- 肌膚乾燥，頭髮出現分岔、頭皮屑增加，髮質也很粗澀毛躁。
- 容易引起肩頸酸痛、頭痛、腰痛、關節痛、生理痛。
- 聲音容易變粗。
- 情緒起伏激烈，易感到精神不安或緊張，會產生強烈的害怕感。
- 個性衝動，顯得不穩重，愛操心。
- 易受到空虛感襲擊而陷入失眠狀態。

失去平衡的原因及時期

- 過著不規律的生活，對五感及精神的刺激過多時。
- 睡眠不足、激烈運動、絕食或減肥。
- 攝取燥熱的食物或冰涼的飲品，待在冷氣很強的室內。
- 吹著強烈寒風的乾燥氣候。
- 秋天到初冬，從初老期到老年期。

型的理想1DAY行程

飲食生活的重點

生活習慣的重點

6點起床

6點

刷牙漱口，喝熱開水

早餐以穀類及清湯為主，也可以吃粥

美胸操＆伸展雙腿

9點

用餐之前，飲用加入薑粉的熱開水

12點

中餐選擇溫熱且水分較多的湯品，食用容易消化的輕食，吃8分飽

注意乾燥及寒冷，每週設定一天為放鬆心情的日子

伸展頸部及手臂、深呼吸

選擇溫熱的食物，細嚼慢嚥

OK：甜味、鹹味、酸味、成熟的水果

NG：盡量避免辣味、苦味、澀味、容易變冷的食物、容易乾燥的食物，減少抽菸及飲用碳酸飲料

15點

飲用熱開水或加入黑糖、薑粉的開水，搭配略甜的甜點

房間以暖色系為主，擺放療癒心靈的玩偶

美胸操

18點

晚餐食用溫熱、水分較多的湯品，以容易消化的輕食為主吃8分飽

慢慢沐浴直到21點

安靜冥想

21點

聽音樂或利用香氛舒緩神經

不可熬夜！
22點上床睡覺，睡足8小時

24點

2點～6點、14到18點是增加Vata體質的時段。

火型
（Pitta Type）

Pitta擁有火的元素，特色是具備「轉換」的能量。消化食物轉換成血液與肌肉，把資訊轉換成智慧。主要掌管消化作用、代謝功能、記憶、智慧等。

體質與個性

身上有適度的肌肉，身材比例勻稱。有眼光，頭髮柔軟纖細，有怕熱的傾向。特色是食慾旺盛，臉上雀斑及黑痣較多，易有口臭或體臭。個性有強烈的正義感，喜愛面對挑戰。頭腦敏捷，集中力高，大部分都可以取得領導地位。

容易引發的問題

- 體溫變化強烈，流汗量較多。
- 視力不好，眼睛容易充血。
- 容易胃灼熱、消化不良、腹瀉。
- 易長痘痘，影響皮膚。
- 有強烈口臭或體臭。
- 易怒、具有批判性。
- 成為有破壞性的完美主義者。
- 成為獨善其身，令人害怕的自戀狂。

失去平衡的原因及時期

- 房間太熱，曬太多陽光。
- 空腹或不規律的飲食、競爭或爭執、容易動搖或太緊張、熬夜、飲食過鹹、過辣、過酸、飲酒。
- 從夏天到初秋，壯年期。

型的理想1DAY行程

飲食生活的重點

生活習慣的重點

5～5點半起床

6點

刷牙漱口，喝熱開水

用餐前喝熱開水，早餐吃穀類及湯品，吃完休息5分鐘

美胸操＆伸展雙腿

9點

盡量避免炎熱時在戶外運動或工作

12點

食用豐盛的午餐，吃8分飽，注意避免飲食過量

上下左右轉動眼球，伸展眼部肌肉

攝取大量水分，避免空腹

OK：以甜味、苦味、澀味明顯的當季蔬菜或水果、豆類、穀類為主

NG：減少攝取辛辣、鹹味、酸味、酒類、優格、堅果、肉類、咖啡食品

15點

吃甜點、喝茶

房間增加寒冷色系，加入間接照明

美胸操

18點

晚餐以容易消化的蔬菜類或雜糧類為主

喝熱開水，大約21點洗澡

21點

避免觀看或收聽容易興奮的格鬥影集或電影、音樂，房間採取間接照明，讓光線變暗，渡過安靜的時光

不可熬夜！晚上22點就寢，約睡7個小時

24點

10點～14點、22點到2點是增加Pitta體質的時段。

水型
（Kapha Type）

Kapha擁有水的元素，特色是具備「穩定、結合」的能量，可以讓物體變硬或儲存起來。主要掌管體力、免疫力、體液、分泌物等方面。

體質與個性

骨骼結實，具有魅力。髮量多，烏黑帶有光澤；皮膚白皙柔嫩也是特色之一。體力不錯，但是較少運動而且動作緩慢。優雅溫順，感情豐富。相較於用頭腦思考，比較重視內心感受。睡眠時間長，身體容易浮腫。

容易引發的問題

- 身體容易浮腫，變肥胖。
- 容易引發鼻炎等過敏反應。
- 口內發甜、容易有痰。
- 嗜睡，容易感到倦怠。
- 易固執己見，非常執著。
- 易產生嫉妒、依賴、不寬容感情。
- 動作緩慢、容易懈怠、不整潔。
- 物質主義，想擁有很多東西。

失去平衡的原因及時期

- 睡太多、午睡、缺乏運動。
- 攝取過多甜分、高油脂食物、鹽分。
- 用餐之後馬上躺著。
- 冬天結束到初春來臨。
- 寒冷下雨的日子，幼年期到青年期。

水型的理想1DAY行程

飲食生活的重點

生活習慣的重點

5點左右起床

6點

刷牙漱口，喝熱開水

如果沒有飢餓感，早餐只喝味增湯即可。用餐後，坐著休息5分鐘

乾布摩擦按摩＋美胸操

9點

乾布摩擦按摩之後，用熱水淋浴

食用豐盛的午餐，大約7分飽。用餐後，飲用咖啡、紅茶、綠茶等溫熱的飲品

12點

保持低濕度，當天氣寒冷時，利用運動替身體加溫

利用椅子練習扭轉伸展運動

覺得飢餓時，可以攝取的食物

OK：利用辛辣口味發揮溫熱身體的效果、加熱帶有苦味或澀味的蔬菜、穀類要選擇乾燥後的舊米

NG：減少攝取甜味、鹹味、酸味、冰涼飲品、油脂過多的食物（沒加熱的蜂蜜可）

飲用薑湯、紅茶等溫熱的飲品

15點

18點

用餐後散步30分鐘，達到略微出汗的程度

晚餐選擇溫熱的輕食，吃7分飽。控制油脂、動物性蛋白質的攝取量

加入扭轉動作的火呼吸＋乾布摩擦按摩＋美胸操

21點

大約22點洗澡，浸泡較熱的熱水

約23點就寢，睡足6小時

24點

6點～10點、18點到22點是增加Kapha體質的時段。

進一步分析3種Doshas類型

關於複合類型

COLUMN 2

以心靈與身體為基礎的生命能量「Doshas」中，包含了「Vata」、「Pitta」、「Kapha」等3種類。根據20～21頁的診斷結果，大家可以找出自己屬於哪種類型。不過還是有許多人無法按照典型的Vata、Pitta、Kapha來分類。其原因如同前面曾經提及，每個人其實都擁有這3種元素。

如果可以妥善調整這3種Doshas的比例平衡，就不至於有太大的問題，可是大部分的人都有太多或太少，比例失衡的情況，因此造成3種Doshas之中，出現某種類型特別強烈的結果。每個人的體質都不一樣，不見得只有某種Doshas特別強烈，也有可能會出現第1、第2比例接近的情況。

所以，在診斷結果當中，我們還可以組合最接近以及次接近自己的情況，將其進一步分成6種類型。

最符合自己的Doshas類型在前面，次符合的Doshas類型加在後面。比方說，Vata最強烈，次強是Pitta的人，就是「Vata Pitta」型。Vata最強烈，次強是Kapha的人，屬於「Vata Kapha」類型。同樣還有「Pitta Vata」、「Pitta Kapha」、「Kapha Vata」、「Kapha Pitta」等，全部共有6種複合類型。

如果屬於複合類型，就請考量各個Doshas的特色及注意事項，來調整生活習慣。假使不曉得應該以哪種類型的習慣為優先，請以容易造成混亂，比較強烈的Doshas為主。

複合型的診斷結果！

根據20～21頁的體質診斷，除了2種Doshas一樣多，
或3種Doshas相同的人，都算是「複合類型」。
以下將診斷結果進一步細分，請你從中確認自己的類型及注意重點。

診斷結果 Vata最多
Pitta次多的人是……

Vata Pitta 體質

這是同時擁有Vata及Pitta體質，Vata性質占優勢的類型。屬於寒冷體質，可是也很怕熱，食慾旺盛，腸胃較脆弱。注意事項：避免不規律的生活及熬夜。請一併檢視Vata（P22-23）、Pitta（P24-25）！

診斷結果 Vata最多
Kapha次多的人是……

Vata Kapha 體質

這是同時擁有Vata及Kapha體質，Vata性質占優勢的類型。記得早起，避免手忙腳亂情況。身體乾燥或受涼時，狀態容易變差。注意事項：寒冷是你最大的敵人！要讓身體保持溫暖。請一併檢視Vata（P22-23）、Kapha（P26-27）！

診斷結果 Pitta最多
Vata次多的人是……

Pitta Vat 體質

這是同時擁有Pitta及Vata體質，Pitta性質占優勢的類型。不規律的飲食及激烈的運動會讓身體狀況變差。注意事項：要過著讓眼睛等五感充分獲得休息的生活。請一併檢視Pitta（P24-25）、Vata（P22-23）！

診斷結果 Pitta最多
Kapha次多的人是……

Pitta Kapha 體質

這是同時擁有Pitta及Kapha體質，Pitta性質占優勢的類型。避免爭執情況，飲食與睡眠也勿過量。注意事項：要適度運動。請一併檢視Pitta（P24-25）、Kapha（P26-27）！

診斷結果 Kapha最多
Vata次多的人是……

Kapha Vata 體質

這是同時擁有Kapha及Vata體質，Kapha性質占優勢的類型。飲用冷飲等讓身體變冷的食物會破壞身體的狀態。注意事項：要特別攝取熱開水等溫熱的食物。請一併檢視Kapha（P26-27）、Vata（P22-23）！

診斷結果 Kapha最多
Pitta次多的人是……

Kapha Pitta 體質

這是同時擁有Kapha及Pitta體質，Kapha性質占優勢的類型。寒冷體質的人，請多多讓身體保持運動；怕熱的人，要避免曬太多太陽。注意事項：避免攝取大量水分、飲食過量，選擇容易消化的食物。請一併檢視Kapha（P26-27）、Pitta（P24-25）！

肌肉與脂肪的質重於量！目標是擁有柔嫩、Q彈的胸部

COLUMN 3

東方女性特有體質所擁有的胸部特色

東方女性的膚質特色是──紋理細緻而且潤澤漂亮。可是，相對來說，也容出現浮腫症狀。由於肌肉量較少，不容易消耗熱量，因此這種體質也容易出現胸部下垂的問題。

對你而言，最理想的胸部到底應該長得如何？恐怕大部分的人都會認為，像歐美女性一樣，有著明顯事業線的胸部最完美吧？可是，東方人與歐美人士的基礎肌肉量不同，很難造就出深V又有彈性的雙峰。此外，東方人的大胸肌較少，也很容易出現左右外擴的情況。

對東方人而言，一般都認為飽滿圓潤、猶如碗型的胸部最美麗。儘管肌肉量少於歐美女性，但是肌肉特性為質勝於量（＝彈性），這點非常重要。請利用美胸操增加大胸肌的彈性，創造柔軟Q彈的胸部吧！當胸部變軟之後，穿衣打扮時，便可往中央集中，展現豐滿上圍，擠出事業線。運動時，只要選擇不會造成干擾的運動型內衣，保護胸部即可。擁有柔軟雙峰後，只要配合TPO【譯註：Time（時間）、Place（場所）、Occasion（場合）】，就能隨心所欲穿搭出各種造型。

另外，只要妥善發揮脂肪的功效，維持良好的血液循環，不論幾歲，胸部都能擁有飽滿的彈力。所以，從現在開始練習美胸操一點都不嫌晚。只要每天持之以恆，胸部就會逐漸變柔嫩、有彈性。

令人驚喜的美胸操功效

開始練習美胸操之後，能調整自律神經的平衡，
提高水分代謝效率，促進血液循環；
美胸操還可以提升女人味，
有效將讓女性變美的元素導入體內。

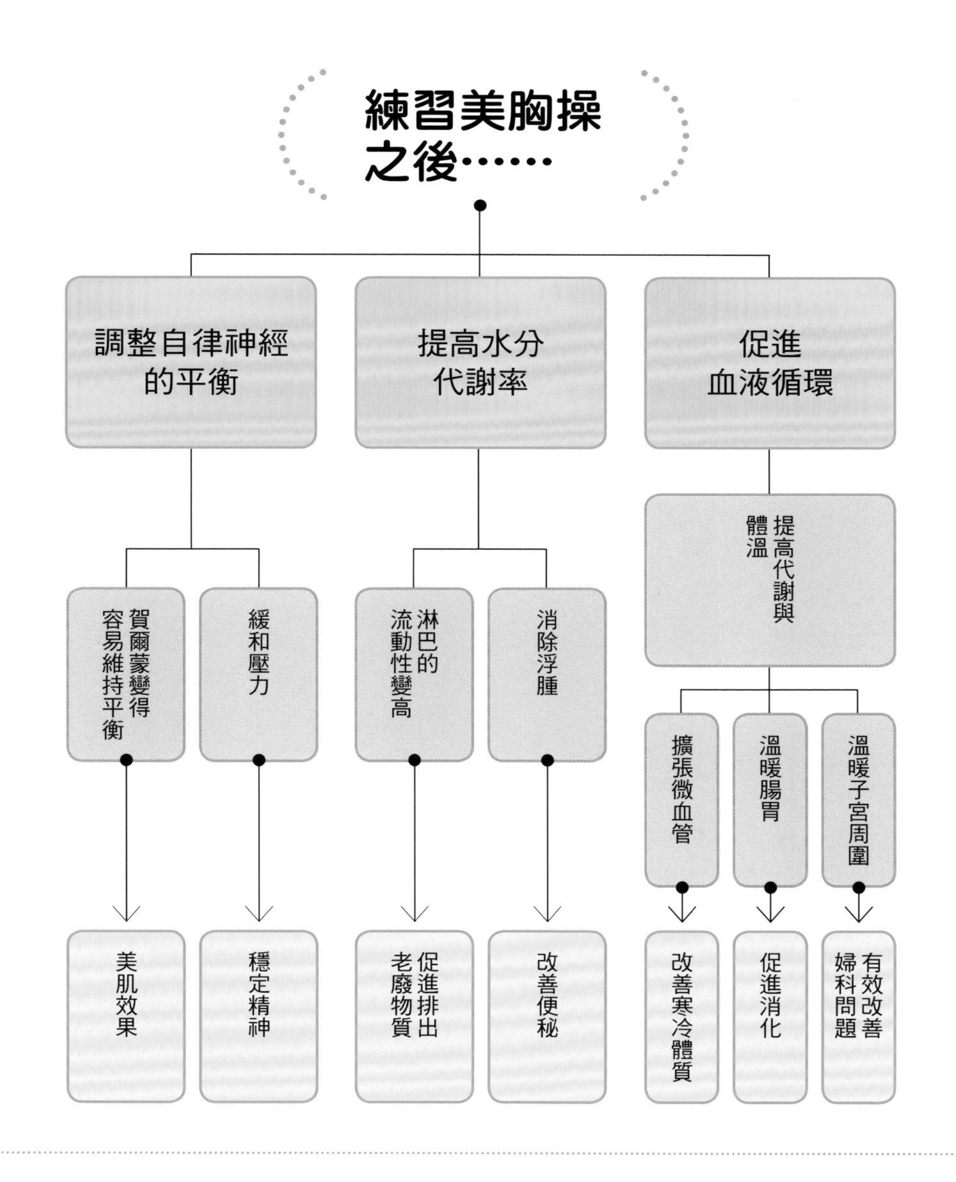

除了美胸之外的其他功效！

還有各式各樣的效果

告別心浮氣躁！變得有女人味，內心堅強，獲得適合自己的活力之心。

平日就很容易心浮氣躁，或生理期時會焦躁不安的人，很可能是自律神經失調所致。只要持續練習美胸操，就可以自然讓自律神經恢復平衡，展現每個人都擁有的溫柔體貼特質。必要的時候，還能發揮堅強本性（＝母性），以充滿女人味的狀態，快樂渡過每一天，保持愉悅的心情。

減輕生理期疼痛！預防乳癌、乳腺炎等……婦科類的問題。

婦科問題與子宮、卵巢、女性賀爾蒙等問題密不可分，而胸部與子宮及卵巢也有著直接關係，所以運動胸部，讓子宮變溫暖，可以輕易讓賀爾蒙維持平衡，在減輕生理期疼痛或改善生理不順方面，具有顯著效果。另外，增進體液循環後，也能緩和乳腺炎或乳房變化帶來的疼痛，有預防發炎，改善更年期不適症狀的效果。

讓身體從內開始變溫暖！對於改善寒冷體質，也有著令人驚喜的效果。

利用美胸操促進血液流動，讓微血管張開，提升體內循環。當體內循環變差時，血液就難以抵達手腳等身體末端，所以大部分寒冷體質的人，特色就是手腳容易冰冷。如果想要盡早改善寒冷體質，最好早晚都練習美胸操。

對腸胃較弱的人也有明顯幫助！利用美胸操促進消化！！

增進腸胃蠕動，帶來溫暖，可以促進消化能力。胸部位於身體的中央，只要運動這個部分，不僅腸胃，全身都能變溫暖，同時還能提高代謝能力。腸胃容易出狀況的人，或覺得吃太多的時候，請試著做美胸操吧！

黯沉、皺紋、鬆弛……
擊退女性的天敵，
帶來美肌效果！

想擁有美肌，絕對不能缺少女性賀爾蒙中的雌激素。肌膚和生理週期一樣，依照每28天的循環蛻變新生。這個循環是血液為了提供營養給肌膚而產生，美胸操可以增進血液循環，讓賀爾蒙維持平衡，所以擁有沒有黯沉、皺紋、鬆弛，保濕又有光澤的肌膚，將不再只是夢想。

調整飲食生活＋美胸操，
消除便秘問題！

相較於麵包或義大利麵等麵粉類的主食，東方人的腸道其實比較適合消化米類的顆粒。可是，事實上，現在的飲食生活中，越來越多人以麵粉類、肉類等西式餐點為主。這些食物不適合東方人較長的腸道，所以也成為引起便秘的原因之一。只要調整飲食習慣，以中式為主，便可提高改善便秘的可能性。再搭配美胸操，還可以提升水分代謝，增進腸道蠕動速度，促進排出老廢物質。

搖晃胸部可以消除
浮腫型肥胖或傍晚浮腫，
帶來顯著效果！

許多東方女性都有浮腫型肥胖的煩惱，而美胸操可以改善全身的淋巴循環，產生消除浮腫的效果。上班或外出時，到了傍晚身體就會浮腫的人，可以利用上廁所的時候，順便稍微搖晃胸部；這個小小動作可以改善淋巴循環，讓浮腫症狀稍微獲得紓解。

全部解決！

難以啟齒的美胸Q&A

Q.1 搖晃胸部不會造成胸部下垂嗎？

A. 胸部中含有外分泌腺，也就是擁有乳管的「乳腺」。當乳腺萎縮，或因為脂肪的重量拉長了支撐胸部的韌帶，就會導致胸部下垂。支撐胸部的韌帶下方有大胸肌，只要經過努力鍛鍊，把胸部往上帶動，加強大胸肌與韌帶，胸部就會變得柔軟堅挺。因此，利用美胸操搖晃胸部，非但不會造成下垂，還能塑造出形狀漂亮的雙峰唷！

Q.2 胸部太大讓我感到很困擾，可以讓胸部變小嗎？

A. 胸部太大、肥胖的人，多半是身體代謝不良所造成。即使食量和周遭的人一樣，也容易變胖。此時，請將胸部托提離開大胸肌，往上小幅搖晃。另一方面，身材纖瘦，可是胸部卻豐滿的女性，可能是賀爾蒙失調所致。當過多體液囤積在胸部時，就必須加強體液的循環。請徹底練習美胸操的伸展動作，把胸部往上托提，並且密集搖晃。另外，這種人容易引發乳房方面的疾病，最好避免攝取過多乳製品、豬或牛的脂肪。

Q.3 練習美胸操時，最適合的強度與頻率為何？

A. 根據Doshas的類型，每個人練習的強度不一樣。比方說，Kapha類型的人，胸部容易黏在大胸肌上，因此必須讓胸部確實離開大胸肌，做強烈搖晃動作。Vata與Pitta類型的人，則只要和緩練習即可。另外，美胸操不會造成身體負擔，整套做一次大約10分鐘，一天做好幾次都沒關係，持之以恆才是產生效果的捷徑。建議你在不造成負擔的情況下，每天持續練習。

Q.4 左右胸部大小不一讓我覺得很煩惱，可以讓胸部變得一樣大嗎？

A. 一般而言，靠近心臟的左胸比較大。如果在意左右大小不同的問題，請先試著練習「撥胸（P62-69）」動作。造成這種問題的原因可能是原本應該位於胸部的脂肪，黏在大胸肌上所造成。撥胸之後，可特別針對尺寸較小的胸部，略微增加搖晃的次數，持續練習美胸操。如此一來，胸部就可以隨心所欲360度搖晃，左右胸部的差異也會慢慢消失。

Q.5 生產之後胸部萎縮，怎麼做才能恢復原狀？

A. 胸部一度變大這件事足以證明，你的胸部有長大的潛力。哺乳中變大的胸部，如果什麼事都不做，當然會萎縮掉。所以，請在乳腺退化、脂肪萎縮之前，開始練習美胸操。煩惱胸部太小的人，生完第1個小孩之後，正是最佳豐胸時機！哺乳期間內練習美胸操時，請小幅搖晃胸部，直到斷奶之後，再大幅搖晃胸部。

Q.6 練習美胸操真的可以讓胸部變大嗎？

A. 為小胸部而煩惱的人，只要持續練習美胸操，增進體液循環，胸部就有機會長大。因為小胸部女性極有可能是錯過胸部的成長期，沒有順利發育的緣故。所以，請持續練習美胸操，讓胸部成長至原本應有的大小。

生小孩是身為女性的責任

女性抽菸、喝酒的陷阱

COLUMN 4

抽菸與喝酒都給人不健康的負面印象。事實上，攝取過量，的確會危害我們身體的健康。不過，女性的身體構造是為了生育下一代而產生，因此，對於男性而言，這兩種行為對子孫帶來的影響不那麼明顯。尤其小嬰兒會在體內孕育10個月，生出來之後，女生們還要以自己的胸部哺乳，因此，抽菸、喝酒兩者對女生來說影響更甚。

現在還沒有打算懷孕的人，也請務必克制抽菸及調整飲酒的習慣。尤其菸裡的有害物質會累積在體內，對孕婦來說絕對不適合！它還會影響每個月的月經，因此最好從平日開始，就養成不抽菸的習慣。

另外，喝酒會讓Doshas的Pitta類型惡化，造成賀爾蒙失調。30歲之前，擁有水元素的Kapha比較強烈，可是30歲之後，屬於火元素的Pitta會逐漸轉強。

生產後的女性也一樣，抽菸會導致肺活量降低，飲酒會消耗大量酵素，提早老化。到了更年期，女性賀爾蒙減少，免疫力下降，習慣抽菸、喝酒的人，絕對無法隨著年齡增長，維持年輕時的美麗狀態。

習慣抽菸、喝酒的人，若懷孕之後開始禁酒、戒菸，很容易會產生壓力。在懷孕初期的重要時期，母體的壓力會給嬰兒的神經或身體成長帶來負面影響。所以為了未來的嬰兒著想，請及早戒菸為妙。另外，每週外出飲酒的習慣最好只維持到20歲前為止。每天飲酒的人，請減少成每週2～3次，每週飲酒的人，則減少成每月1～2次，慢慢開始減少喝酒的次數及分量。戒菸、戒酒之後，女性賀爾蒙的失調狀況立刻能獲得改善，肌膚的彈力與光澤也會變得截然不同。

Lesson 2

現在馬上開始練習美胸操

除了練習「伸展」、
「摩擦」、「撥胸」、「搖晃」之外，
還可以搭配骨盆操。
同時一併介紹給忙碌的人、瘦身中的人、
懷孕中的人適合做的體操，
請選擇符合自己狀況的體操，
每天開心地練習吧！

基本的 4 STEP

睡前只花10分鐘

美胸操的4大基本步驟

美胸操的主要動作有「伸展」、「摩擦」、「撥胸」、「搖晃」等4種。
每晚只要花10分鐘做體操，就可以讓身體由內而外變美麗。

1 STEP 伸展 4分

利用伸展、扭轉的動作，
讓萎縮中的肌肉與
肌腱部分增加彈力。

2 STEP 摩擦 2分

使用乾布（蠶絲手套），
從肌膚外側開始往內摩擦！

3 STEP 撥胸 2分

這是造就柔軟、
Q彈美胸最重要的步驟。

4 STEP 搖晃 2分

輕柔搖晃胸部，
可以打造出形狀完美又
柔軟的雙峰。

從P84開始，除了練習P44的基本美胸操之外，還加上了重點組合。

產生加倍的效果！以美胸操＋呼吸法，讓自己變美麗！

當你在練習接下來要介紹的美胸操時，也要注意到呼吸的方式。配合動作吸氣、吐氣或深呼吸，可以提升體液循環，加強體操的效果。

反之，在呼吸混亂的狀態下，即使練習美胸操，效果也會減半。既然已經下定決心要每天練習，請務必一邊確認呼吸法，一邊做動作。練習時，請參考寫在動作旁邊的「吸氣」、「吐氣」等說明。

美胸操的訣竅

❶正確練習

請一步一步確實做好書裡介紹的體操動作。因為錯誤的動作一旦養成習慣，就難以產生效果。

❷檢查呼吸法

請加入寫在動作旁邊的呼吸法。只要每天養成習慣，就能輕鬆記住。

❸不要勉強

如果遇到困難的體操動作，不要勉強自己去做，應該一步一步慢慢練習。勉強去做反而會受傷。

開始練習美胸操之前…

自我檢查！

1 檢查鎖骨下方！

鎖骨下方是血管與淋巴腺的集中場所。按壓這個部位會感到疼痛或僵硬，就是血液或淋巴液循環停滯的警訊。

2 檢查腋下！

腋下是淋巴腺集中的場所。這個部位如果變得僵硬，就是出現了循環變差的警訊。請用手掌幫這裡加溫，疏通僵硬的狀態。

3 檢查胸部！

當體液循環變差時，會提高罹患乳癌的機率，請仔細確認是否有硬塊。

可以塑造美胸的呼吸法

開始進行基本4大步驟之前，必須先掌握呼吸法

火呼吸法（Breath of Fire）

1 集中意識

姿勢正確，
丹田（肚臍下方）用力

雙手擺在腹部上，注意力放在肚臍下方的「丹田」，深吸一口氣。

「火呼吸法」只要隨時隨地注意呼吸，不僅可以溫暖身體，
也具有鍛鍊腹肌的效果。請試著從鼻子開始緩慢、用力深呼吸吧！

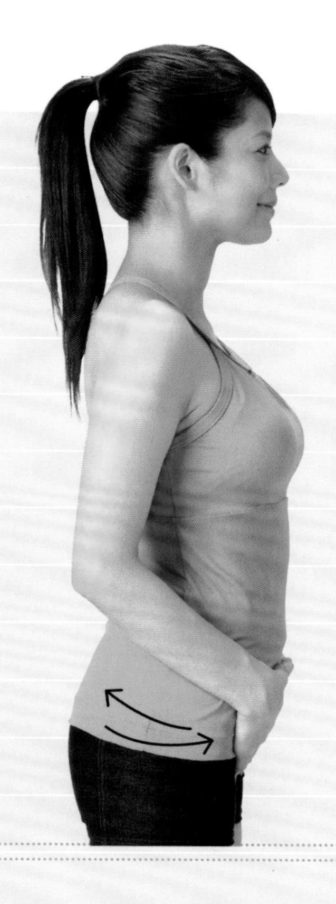

2 呼吸

從鼻子開始
練習腹式呼吸

吸氣
吐氣

閉上嘴巴，從鼻子開始深吸一口氣。吐氣時，意識到腹部凹陷，吐氣7～8次。最後1次時把氣吐盡，這個動作請重複做10次。用餐時練習這種呼吸法，可以產生顯著的瘦身效果。

>>> 提升效果的作法

扭轉

扭轉上半身

吸氣
吐氣

請維持扭轉上半身的狀態，採取鼻吸鼻吐的腹式呼吸。吐氣時，要讓腹部往內凹陷。

坐地扭轉

進行全身扭轉

在扭轉全身的狀態下，採取鼻吸鼻吐的腹式呼吸。這個動作可能有點辛苦，不要過度勉強自己，慢慢練習就可以了。

POINT

很在意明顯突出的小腹……

站著進行火呼吸法，不論搭捷運或上班的時候，只要任何時刻想到就可以做，這就是火呼吸法受歡迎的關鍵。當覺得小腹突出時，請馬上開始練習吧！

實現美胸願望的夜晚基本 4 STEP 體操

STEP 1 伸展

1 伸展

**水平伸展手臂
與肩同高**

左臂舉到和肩膀一樣高的水平位置，
整隻手臂盡量往指尖方向伸展。

首先，從伸展上半身的運動開始練習。伸展的時候，加入「扭轉」，
可以增進血液循環，提升代謝速度。請以柔軟的胸部為目標，開始練習美胸操。

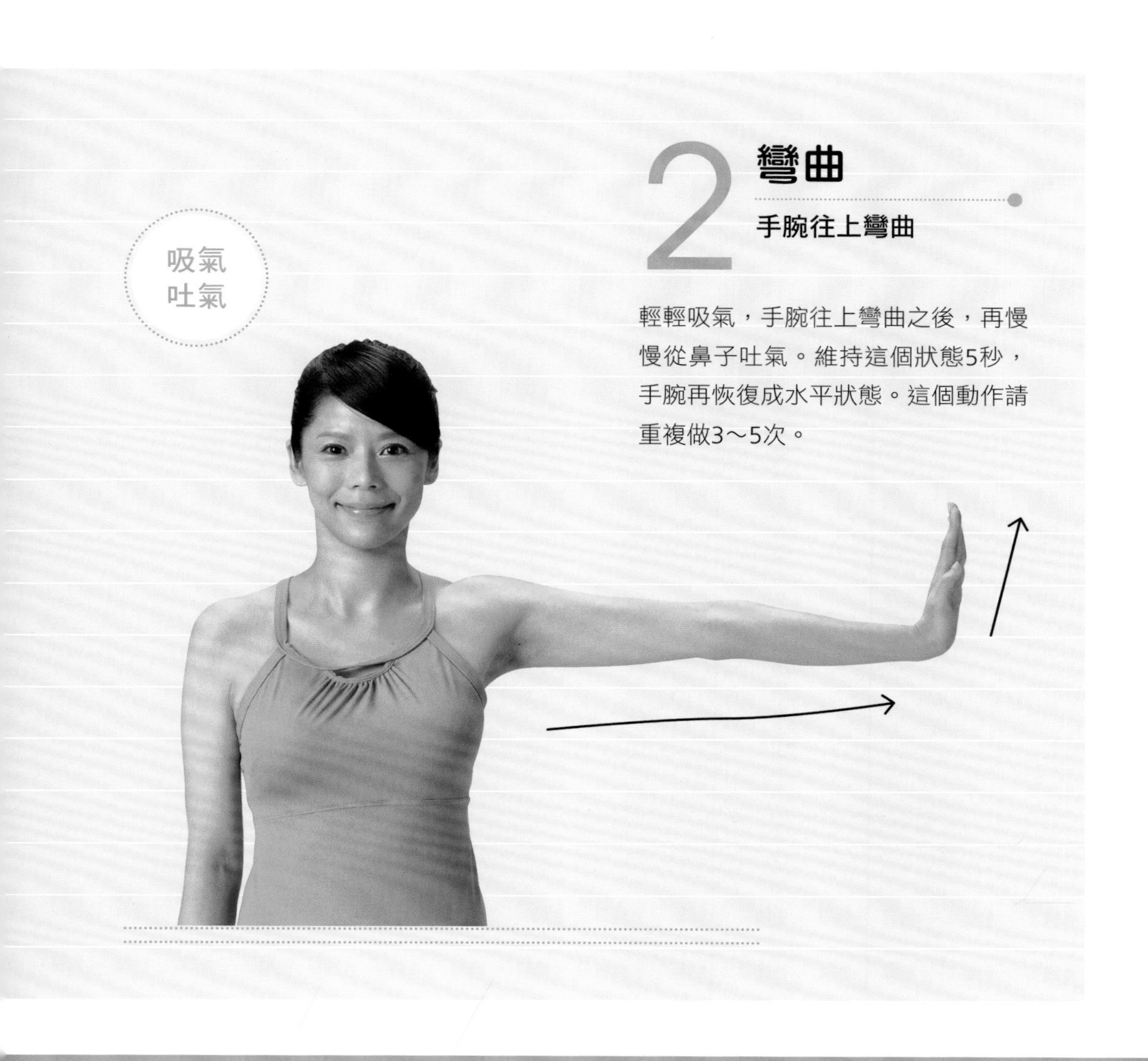

2 彎曲

手腕往上彎曲

輕輕吸氣，手腕往上彎曲之後，再慢慢從鼻子吐氣。維持這個狀態5秒，手腕再恢復成水平狀態。這個動作請重複做3～5次。

實現美胸願望的夜晚基本 4 STEP 體操

3 彎曲

手腕往下彎曲

輕輕吸氣，手腕往下彎曲之後，再用鼻子吐氣。這個狀態維持5秒之後，手腕恢復水平狀態。這個動作請重複做3～5次。

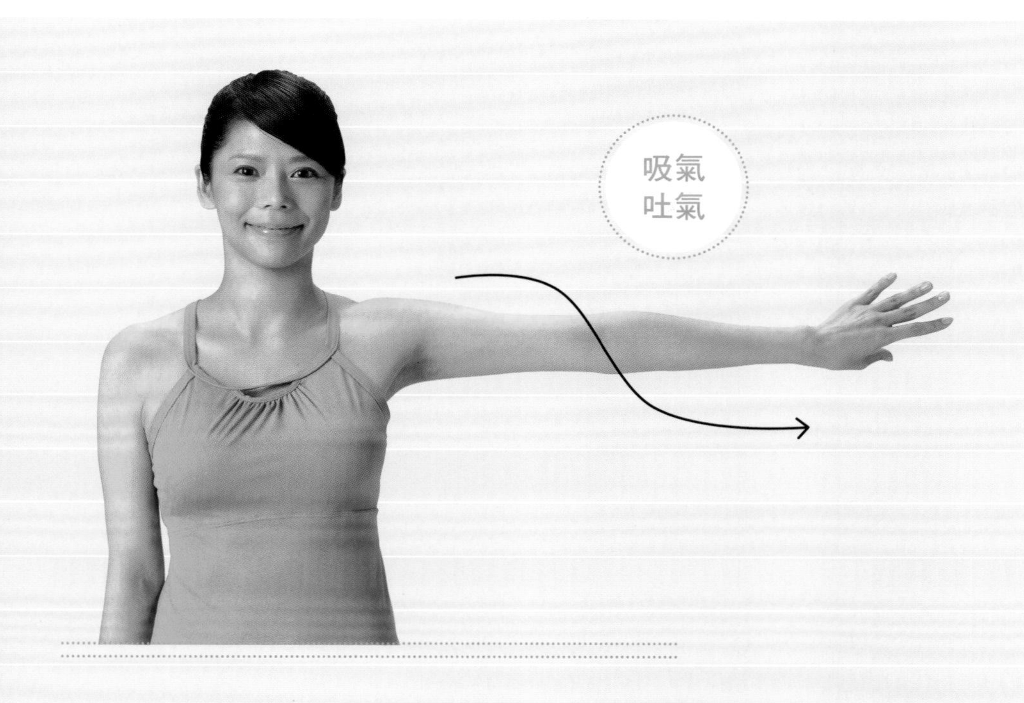

4 扭轉

往內及往外扭轉整隻手臂

整隻手臂徹底扭轉4～5次。呼吸的方式是，往外扭轉時吸氣，往內扭轉時吐氣。

POINT

手臂隨持與肩膀呈水平

扭轉手臂時，不只是扭轉手腕或手肘，還要把意識放在從肩膀延伸到指尖處，讓整隻手臂都徹底扭轉。另外，手臂要打直，彎曲的話效果會減半！所以必須隨時注意讓手臂與肩膀維持在水平線上。

實現美胸願望的夜晚基本 4 STEP 體操

5 扭轉

**扭轉手臂
同時往上舉起**

扭轉整隻手臂，分成3次往上舉起。呼吸法是，往外扭轉時吸氣，往內扭轉時吐氣。

6 伸展

往上伸展手臂

把手臂往上舉，並且盡量向上伸展。
伸展手臂的同時，慢慢吐氣。

POINT

感覺到手臂拉緊撐開的感覺！

往上伸展手臂時，要感覺腋下以及腋腹有伸展的感覺。最重要的是，往上伸展時，動作以及呼吸都要緩慢進行。

實現美胸願望的夜晚基本 4 STEP 體操

POINT

手肘在頭部正中央

用右手確實把手肘拉到頭部的正中央＝身體的中心。

7 彎曲

手肘在頭部後方彎曲

左手臂手肘在頭部後方彎曲，用右手抓住左手肘，拉到頭部正中央的位置。

伸展

往側邊傾倒 伸展身體

鼻子緩慢吐氣，身體往右倒。之後身體慢慢回到中央，同時用鼻子吸氣。這個動作請重複做4～5次。

POINT

腰部不要彎曲

傾倒身體時，盡量意識到不要彎曲腰部，這樣比較有效果。請別過度勉強自己，慢慢練習就可以了。

吐氣
吸氣

實現美胸願望的夜晚基本 4 STEP 體操

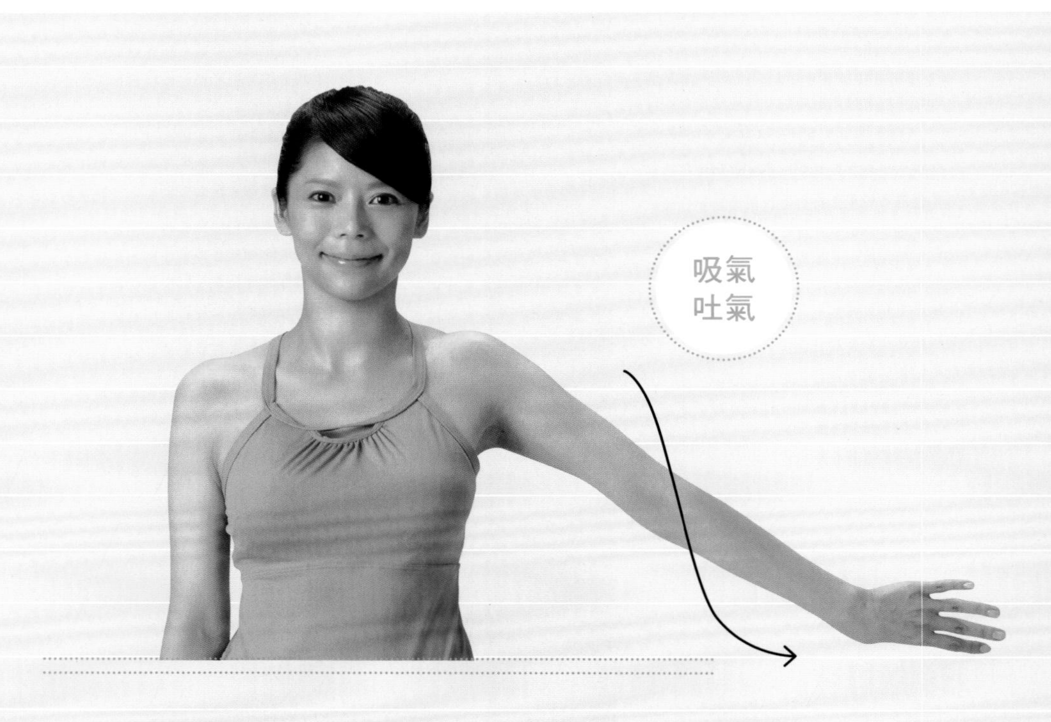

9 扭轉

扭轉手臂同時往下降低

扭轉整隻手臂，同時分成3次往下降低。呼吸的方法是，往外側扭轉時吸氣，往內側扭轉時吐氣。

10 扭轉

手臂往下垂

吸氣
吐氣

一邊往外側及內側扭轉，一邊反覆吸氣吐氣，把手臂往下降低。

到這裡就完成左手臂的伸展動作囉！接著換右手臂，同樣重複1～10的步驟再進行一次。

吸氣
吐氣

11 伸展

左右交替往上高舉雙臂

左右交替舉起雙臂，以伸展脊椎的感覺，慢慢往上舉高。搭配左右上下，從鼻子反覆吸氣吐氣，這個動作請重複做2～3次。

實現美胸願望的夜晚基本 4 STEP 體操

12 伸展

雙臂往後伸展

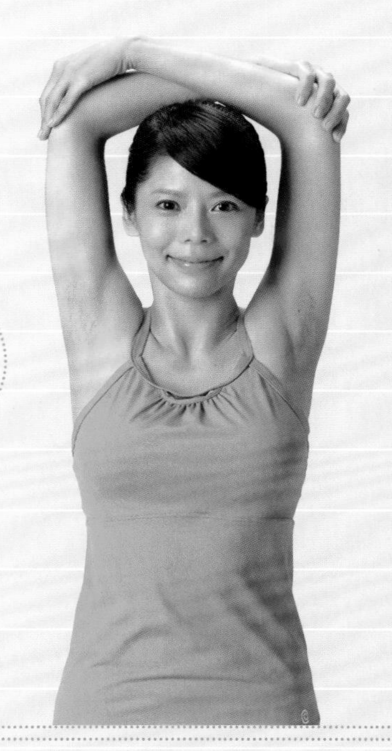

吸氣
吐氣

手肘左右手抓住相反側，放在頭部後方。再慢慢往後加上壓力，讓手臂向後倒。剛開始大約做5次，習慣之後，請反覆練習10次。

從側面看到的姿勢

步驟12反覆做10次之後，上下手臂交換，再做10次。練習的時候，要意識到肌肉的伸展。

手臂往前帶的時候，用鼻子吸氣。

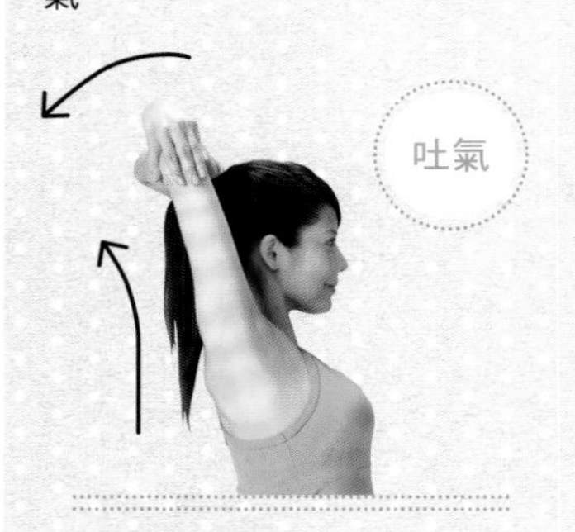

手臂往後倒的時候，用鼻子吐氣。

13 觸摸

用手觸摸鎖骨的位置

用左手觸摸右鎖骨的位置。

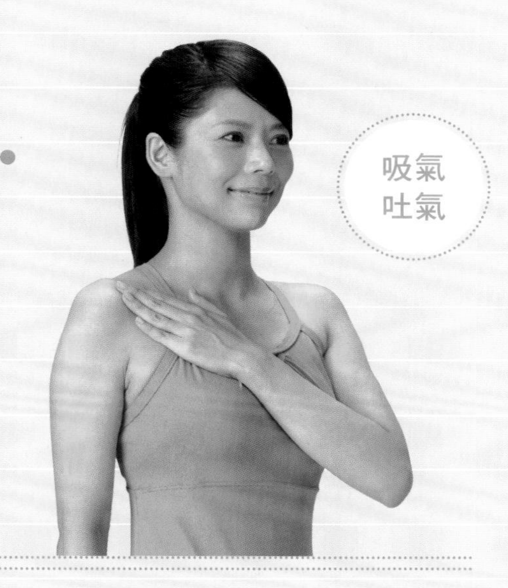

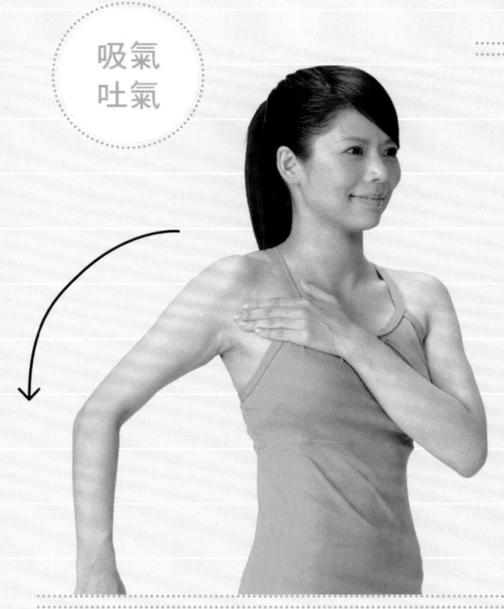

14 往後轉動整個肩膀

往後大幅轉動整個右肩。肩膀往後拉的時候吸氣，回到前面時吐氣。注意大幅轉動肩胛骨，這個動作請重複做10次。左肩也按照相同方法練習。

15 往後轉動雙肩

左右肩膀同時緩慢往後轉動。肩膀往後拉時吸氣，回到前面時吐氣。讓肩胛骨盡量靠近脊椎，重複練習10次。

施展令人驚喜的身體保養魔法乾布摩擦按摩是什麼？

乾布摩擦按摩是指使用蠶絲（乾布）手套，摩擦全身的乾式按摩方法。蠶絲是由含有18種胺基酸的動物性纖維製成；蠶絲內的胺基酸與人類的肌膚構造類似，不會損傷肌膚細胞，可以有效去除囤積在身體內的老廢物質與角質。

另外，蠶絲纖維的表面細密卻不平整，可以給予肌膚與皮下脂肪適當的刺激，提升血液與體液的循環，讓身體變溫暖，促進排汗。所以這種保養方法非常推薦瘦身中或受浮腫所苦的人使用。

除此之外，每天持續按摩，也具有讓肌膚變得吹彈可破的美肌效果，還能清理多餘的體毛。首先，請從雙腳的乾布摩擦按摩開始（P84-91），完成之後，再進行手臂的乾布摩擦按摩（P58-61）。除了手腳之外，還可以按摩腹部、背部等自己在意的部分。而且，請記得要逆著毛孔，沿著淋巴摩擦。

乾布摩擦按摩的驚人效果

- 去除老廢物質及角質
- 提升血液及體液的循環
- 處理多餘體毛
- 美肌效果

推薦使用的乾布摩擦手套「こすっ手」

Petibreast
http://www.petitbreast.com/（日本限定）

STEP 2 摩擦

1 摩擦手背

左手的手指指縫夾住右手手指，接著朝手腕方向，摩擦手背10次。以緩慢的深呼吸進行這個動作。

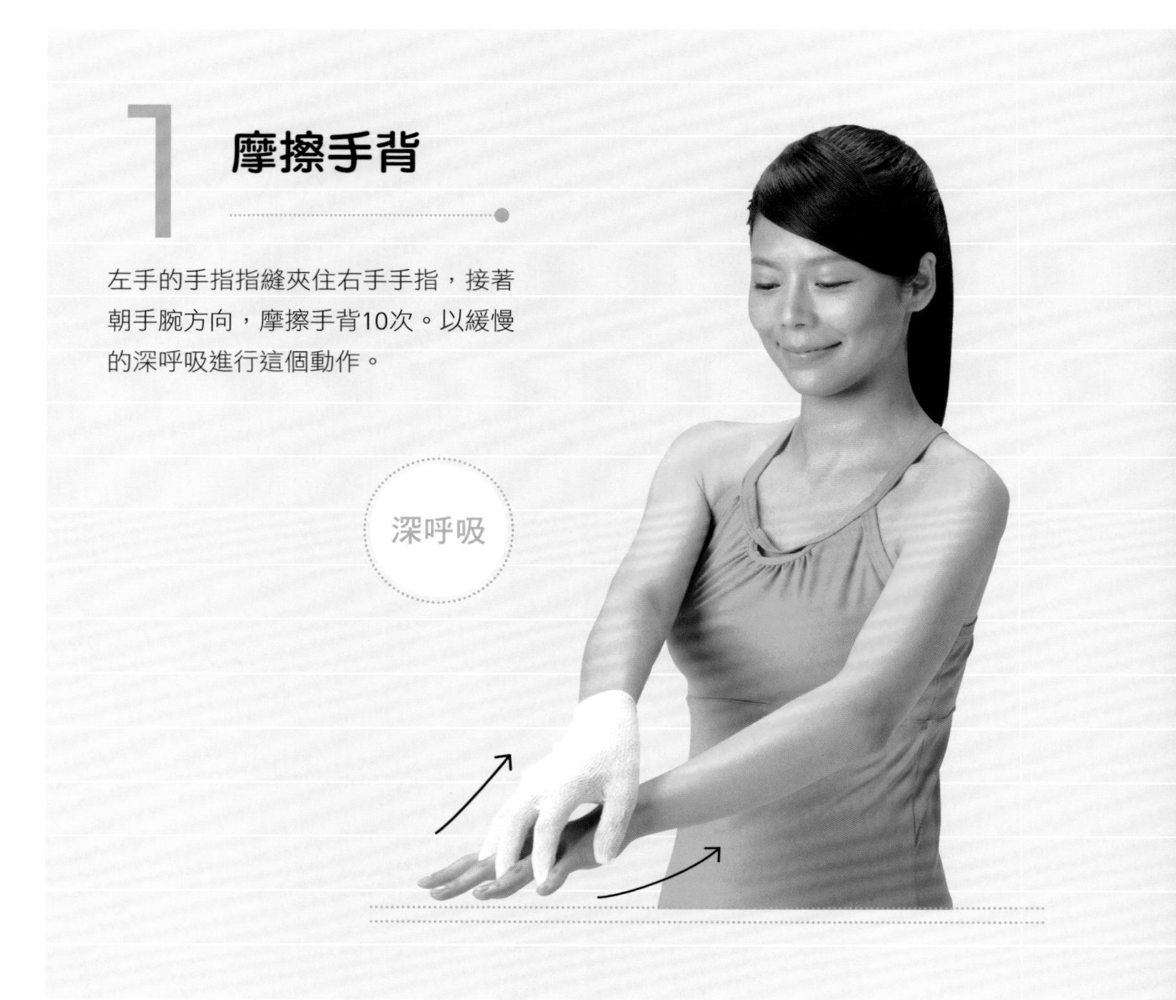

使用乾布（蠶絲手套）開始進行摩擦手臂的體操，
不僅能替肌膚表面帶來美肌效果，連膚內都能發揮作用，
具有讓肌膚變漂亮，提升體內代謝的效果。

2 摩擦手臂

從左手的手腕開始朝手肘方向，由下往上摩擦10次，緩慢地深呼吸。

深呼吸

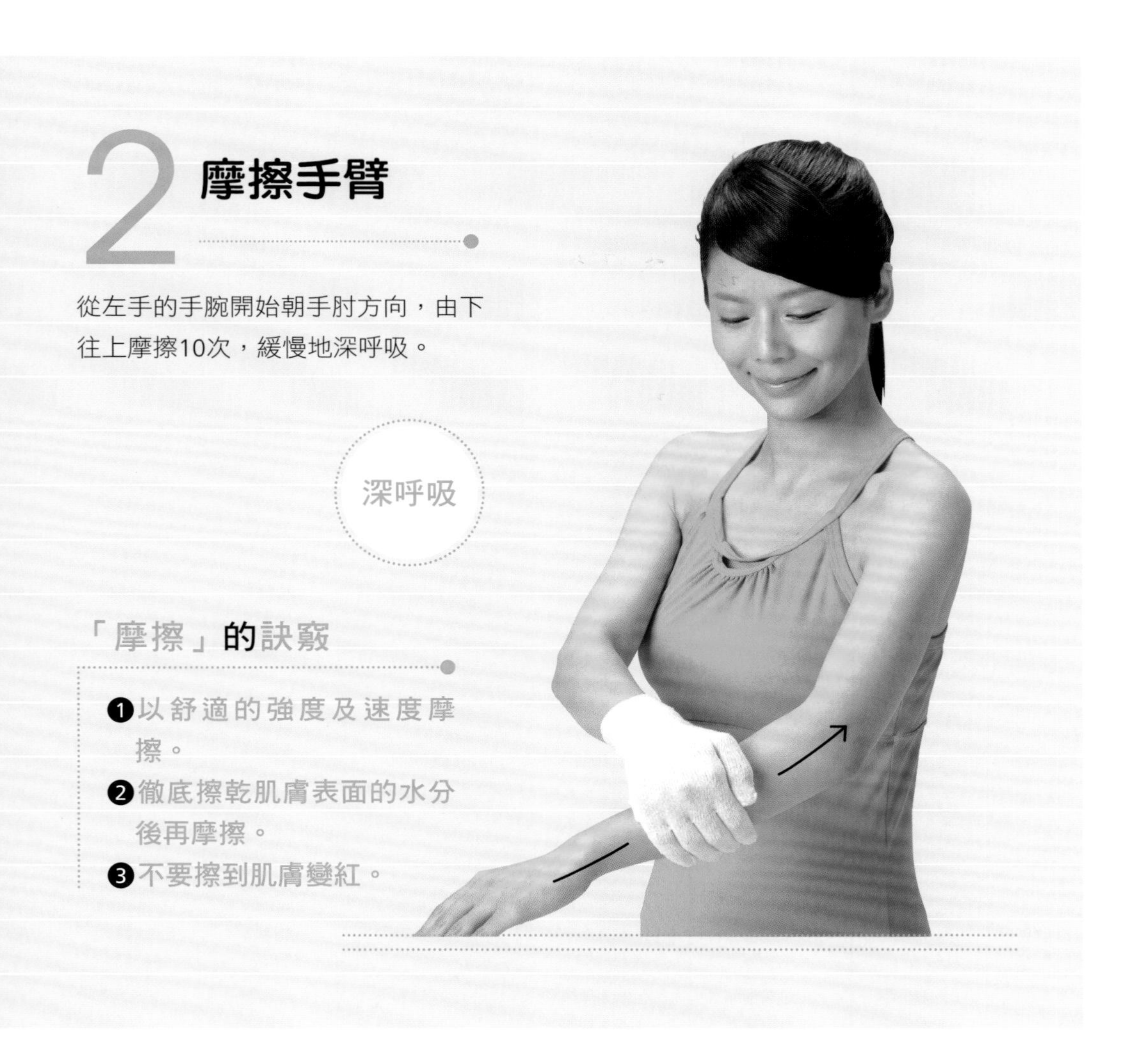

「摩擦」的訣竅

❶以舒適的強度及速度摩擦。
❷徹底擦乾肌膚表面的水分後再摩擦。
❸不要擦到肌膚變紅。

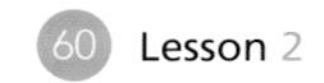

實現美胸願望的夜晚基本 4 STEP 體操

3 摩擦上手臂

從左手的手肘開始往肩膀方向，由下往上摩擦10次。

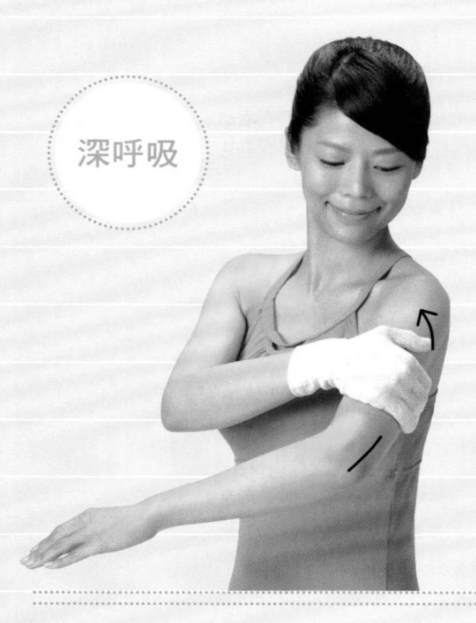

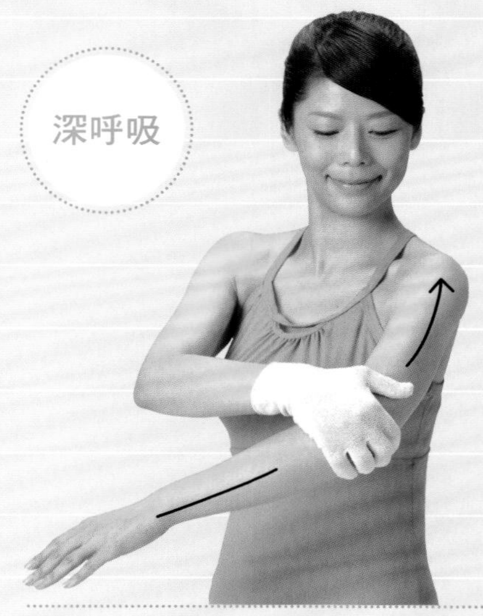

4 摩擦整隻手臂

從手腕開始往肩膀方向摩擦整隻左手，由下往上摩擦10次。

5 往上舉起，摩擦整隻手臂

舉起手臂，從左手的手肘往腋下方向，由上往下摩擦。

到這裡就完成左手的摩擦按摩囉！接著右手也以同樣方式執行1～5的步驟。

深呼吸

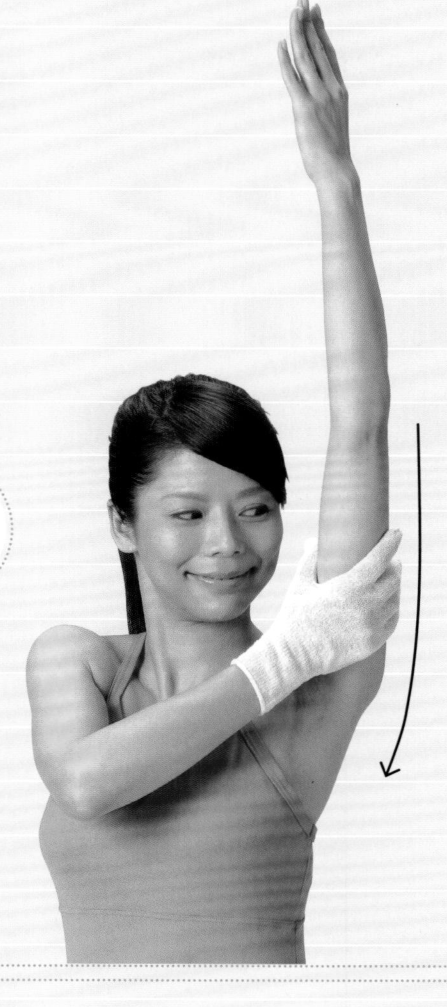

實現美胸願望的夜晚基本 4 STEP 體操

STEP 3 撥胸

1 摩擦

摩擦上手臂

從手肘往手臂後端方向，由上往下摩擦，按摩手臂。這個動作請重複做10次。

深呼吸

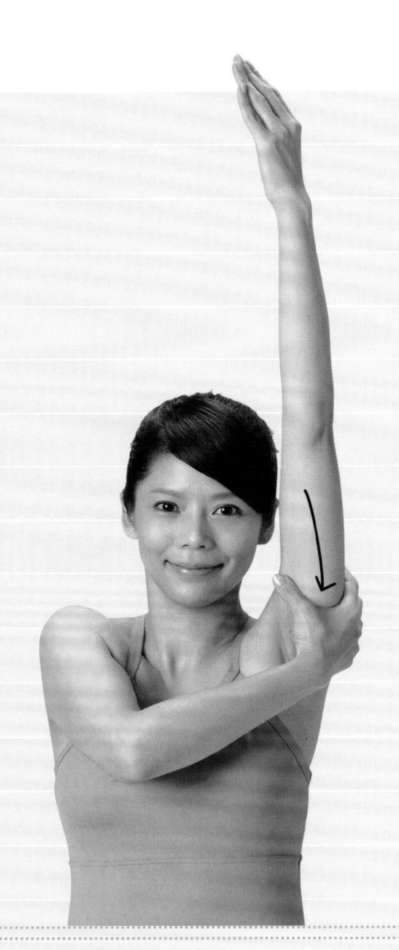

這個步驟要把黏在大胸肌上的胸部「撥開」。
只要花短短2分鐘，胸部馬上能變柔軟！

吐氣

2 集中

集中從背部到腋下的脂肪

從肩胛骨的下側開始，以集中脂肪為目的按摩這個部位。請一邊緩慢吐氣，一邊做這個動作。

3 撥胸

確實集中胸部

別讓從背部集中的脂肪跑掉，將它進一步往中央方向撥過去。

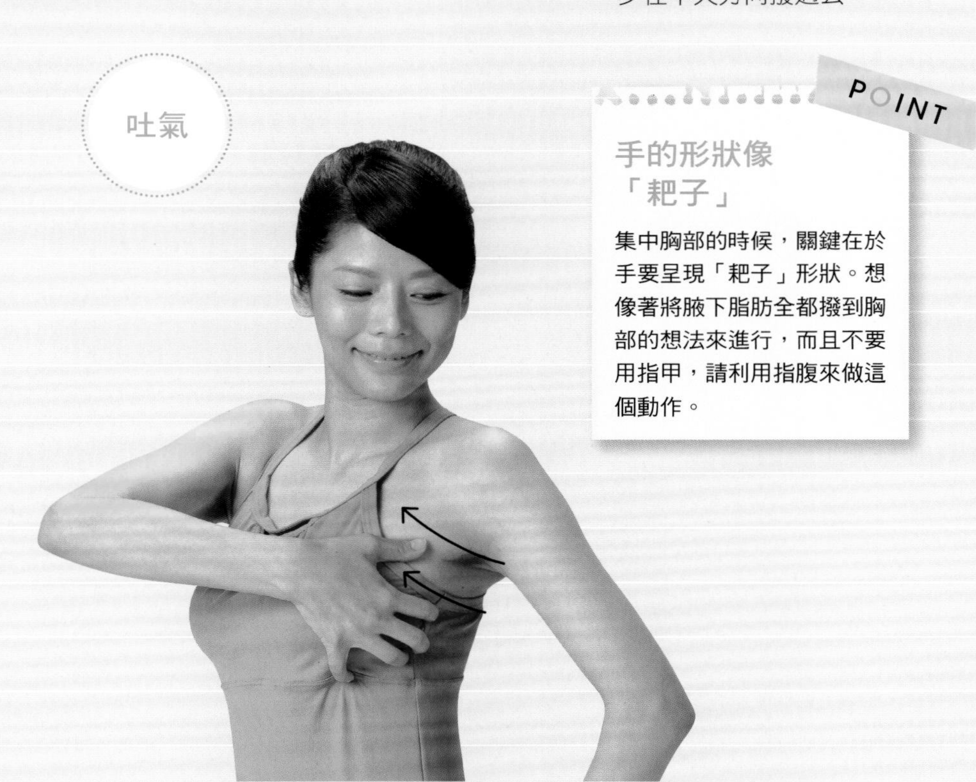

POINT

手的形狀像「耙子」

集中胸部的時候，關鍵在於手要呈現「耙子」形狀。想像著將腋下脂肪全都撥到胸部的想法來進行，而且不要用指甲，請利用指腹來做這個動作。

4 搖晃

往斜上方搖晃胸部

用另外一隻手支撐剛才集中過來的胸部，避免脂肪跑掉。朝著鎖骨的中央，輕輕往斜上方搖晃。這個動作請重複做10次。

吸氣
吐氣

5 集中

徹底集中胸部

別讓從背部集中的胸部跑掉，再進一步把胸部往上托高集中。

搖晃

往上撥胸部並搖晃

用另一隻手支撐剛才集中的胸部，避免跑掉。把胸部往上托高，輕輕搖晃。這個動作重複做10次。

到這裡就完成左胸的動作了喔！接著右胸也同樣重複步驟1～6。

實現美胸願望的夜晚基本 4 STEP 體操

正常呼吸

7 用雙手摩擦胸部

雙手從左右胸部的中間朝著腋下，以摩擦的方式按摩。往腋下時吸氣，回到中間時吐氣。這個動作請重複做10次。

正常呼吸

8 單手摩擦胸部

用單手往斜上方托起胸部，從雙峰之間開始，往腋下摩擦按摩。請重複做10次。右胸也按照相同方法按摩。

用雙手摩擦鎖骨下方

雙手從鎖骨下方正中央開始，往外摩擦按摩。這個動作請重複做10次。

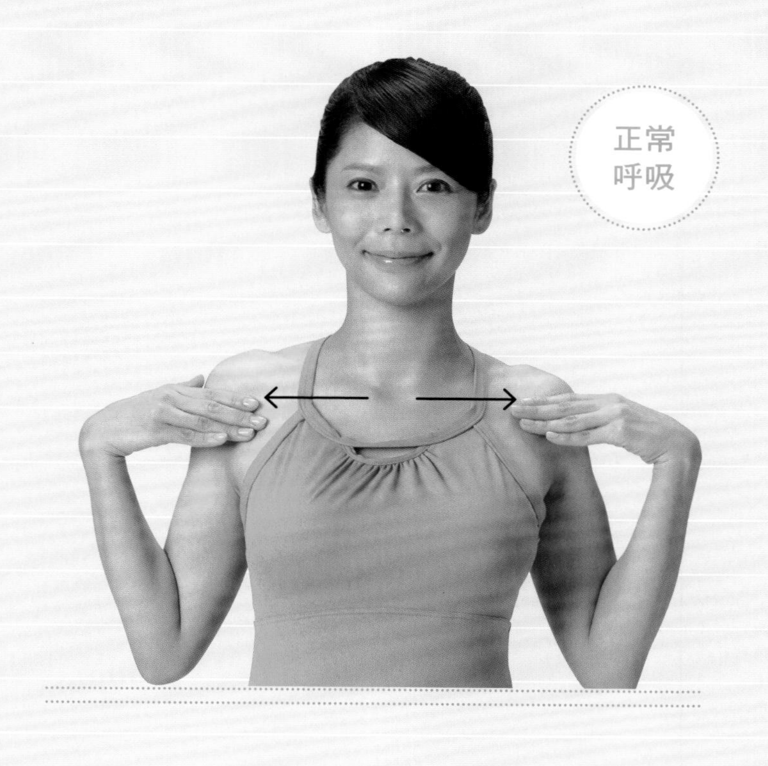

實現美胸願望的夜晚基本 4 STEP 體操

STEP 4 搖晃

>>> 用單手練習時

1 集中

**從肩胛骨下方
把胸部撥過來**

用右手把左胸往中間集中，要確實從肩胛骨下方開始往內撥。

吸氣

撥胸之後，最後再搖晃胸部。搖晃胸部可以促進血液及淋巴液的循環，打造出隨心所欲、360度自在搖晃的柔軟雙峰。

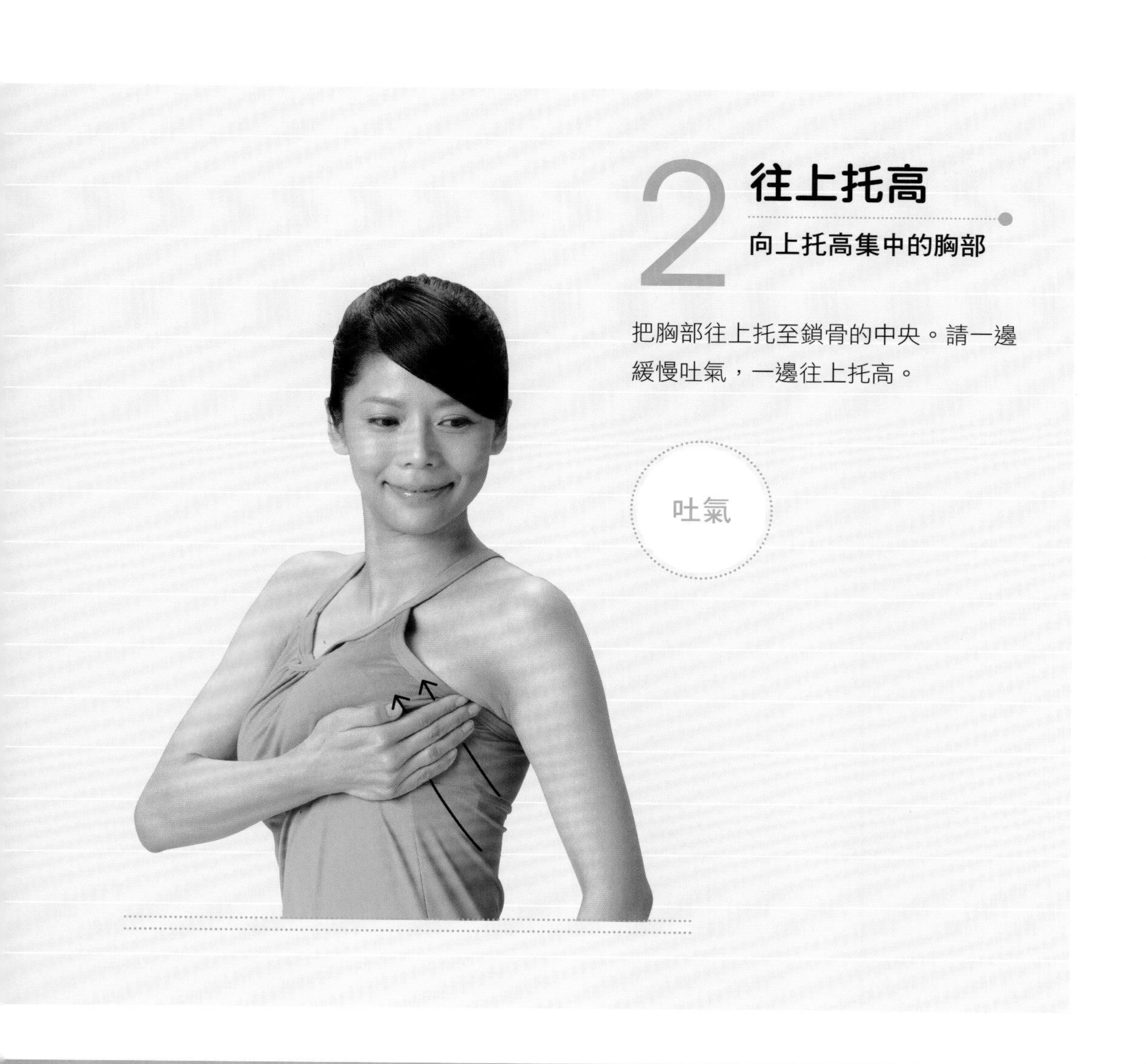

2 往上托高

向上托高集中的胸部

把胸部往上托至鎖骨的中央。請一邊緩慢吐氣，一邊往上托高。

吐氣

實現美胸願望的夜晚基本 4 STEP 體操

3 搖晃

搖晃胸部

往斜上方搖晃！以1秒2～3次為標準，重複搖晃25～30次。

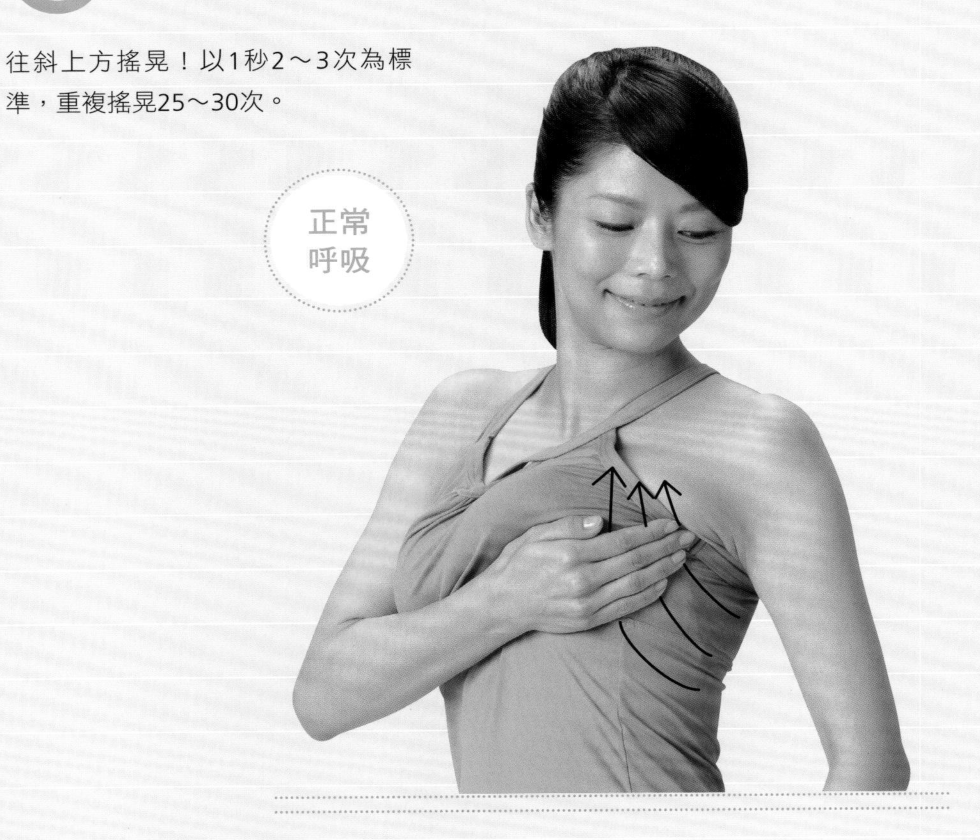

POINT

利用不同搖晃法
任意調整胸部大小

想讓胸部變大的人，搖晃胸部時，請先確實往上托高，略微加強搖晃幅度，效果比較明顯。覺得胸部太大的人，徹底托高胸部後，以小幅搖晃度減少豐滿的程度。

胸部較豐滿的人…
請用雙手托住再搖晃

胸部豐滿的人，集中胸部之後，使用另一隻手從下面撐住胸部再搖晃。請確實用雙手托住集中後的胸部，往上搖晃。

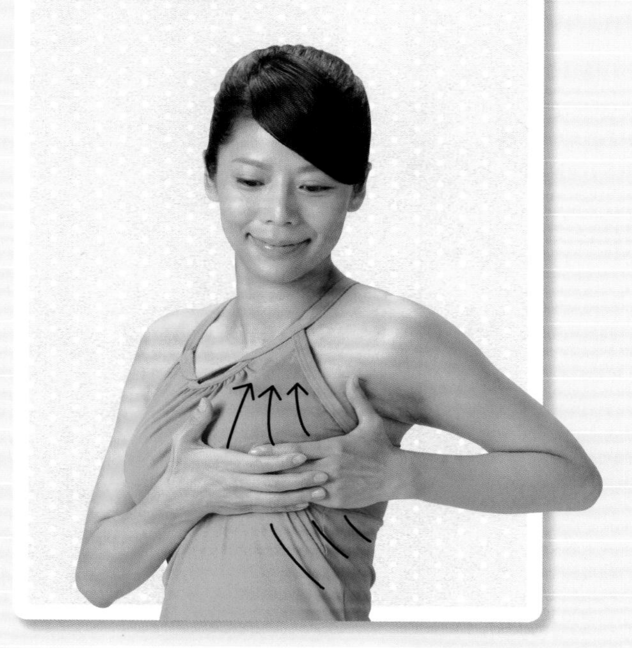

實現美胸願望的夜晚基本 4 STEP 體操

>>> 用雙手練習時

1 往上集中

從腋下
往中央集中胸部

雙手從腋下開始，往中央集中胸部。請一邊吸氣，一邊慢慢往內集中雙峰。

2 往上托高

往上托高
集中後的胸部

把胸部往上托提到鎖骨的中央。請一邊緩慢吐氣，一邊向上托高。

3 朝正上方搖晃

搖晃胸部

朝著托高位置的正上方搖晃胸部。以1秒2～3次為標準，重複搖晃25～30次。

正常呼吸

讓美胸體操徹底「發揮效果」的骨盆伸展操

矯正骨盆不正的問題

骨盆伸展操

1 骨盆往右轉

雙手放在髖骨，像畫圓般，將骨盆往右轉。呼吸以吸氣、吐氣各1次為標準。重複10次之後，左邊同樣轉10次。

吸氣
吐氣

利用步驟1轉動骨盆，再以步驟2與3伸展上半身和骨盆。還不熟悉動作之前，或許無法順利轉動骨盆，不過只要持續練習，一定可以上手。

側面看到的姿勢

轉動骨盆時，要注意維持身體的軸心。請站在鏡子前，一邊轉動骨盆，一邊確認自己的動作是否正確，直到習慣為止。

以恥骨往前推的感覺，向前轉動骨盆。

以臀部往後翹的感覺，往後轉動骨盆。

讓美胸體操徹底「發揮效果」的骨盆伸展操

2 往後移動手臂及骨盆

往後水平移動彎曲的雙臂時，骨盆也同時移到後面。呼吸的方式是從鼻子用力吐氣。

3 往前移動手臂及骨盆

雙臂朝前水平移動時，骨盆也移到前面。此時，要意識到恥骨往前推。步驟2、3的動作重複做10次。

POINT

同時移動手臂與骨盆

手臂往下垂會讓效果減半。尤其當手臂往前時，還得注意到肩胛骨。另外，手臂與骨盆一定要同步。還不熟悉之前，慢慢練習即可，練習時，要注意同時移動手臂與骨盆。

晨間美胸操

最適合忙碌早晨的美胸操

2分鐘就能完成晨間按摩

1 上下彎曲雙手的手腕

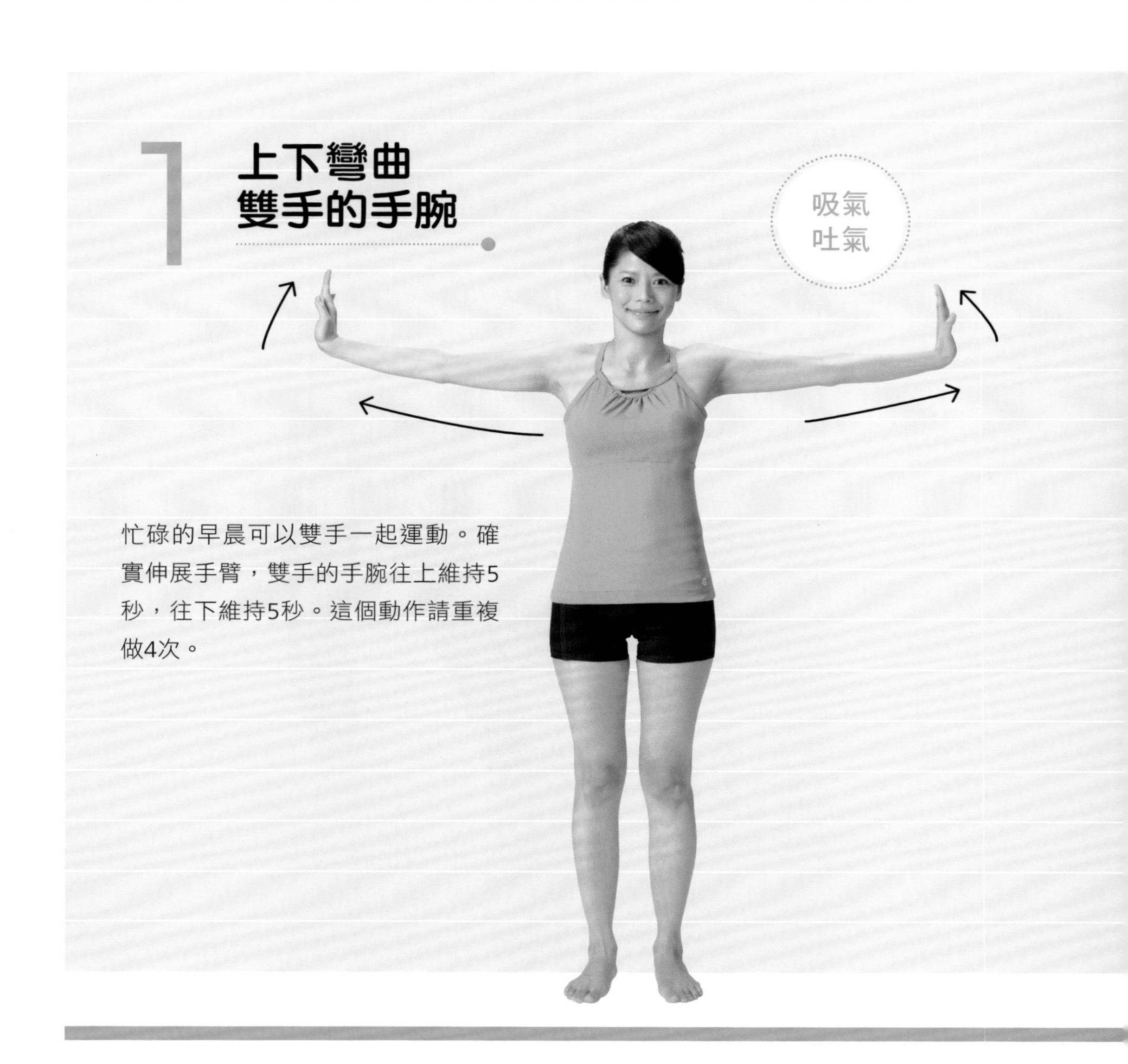

忙碌的早晨可以雙手一起運動。確實伸展手臂，雙手的手腕往上維持5秒，往下維持5秒。這個動作請重複做4次。

基本上，建議最好早晚各練習1次美胸操。
話雖如此，有時早上時間太匆促，沒辦法妥善練習，
此時，就請改練習精簡型的美胸操吧！

2 雙手往上伸展

邊扭轉手臂，邊往上高舉。雙手交疊，往上伸展兩臂。往上伸展時吐氣，放下時吸氣。這個動作請重複做5次。

吸氣
吐氣

晨間美胸操

3 左右交替傾倒上半身

注意肩胛骨，慢慢倒向左邊，再倒向右邊。這個動作請重複做5次。

4 從手開始 摩擦整隻手臂

早上如果還有點時間，做完步驟3之後，繼續進行STEP 2的「摩擦」動作，效果更好。（請參考P58～61）

5 撥胸

撥動胸部

如果還來得及，請繼續做STEP 3的「撥胸」動作。千萬別為了縮短時間而隨便亂做，這樣會讓效果大打折扣。就算減少次數，也要慢慢練習到位。（請參考P62～69）

6 搖晃

集中胸部再搖晃

連STEP 4的「搖晃」一起做完，效果更明顯。儘管早晨十分忙碌，也別讓集中的胸部跑掉，務必做出正確的動作。（請參考P70～75）

這種時候該怎麼做？適合各種狀態的美胸操

瘦身中的體操

※使用蠶絲手套，效果更顯著。

正常呼吸

1 摩擦

摩擦腳背

從腳趾趾縫往腳踝方向，摩擦腳骨之間10次。請以正常呼吸做這個動作。

Q…我正在減肥，可是又想維持原本的胸部尺寸，有適合我的美胸操嗎？

A…請在基本的美胸操中，加上乾布摩擦按摩。

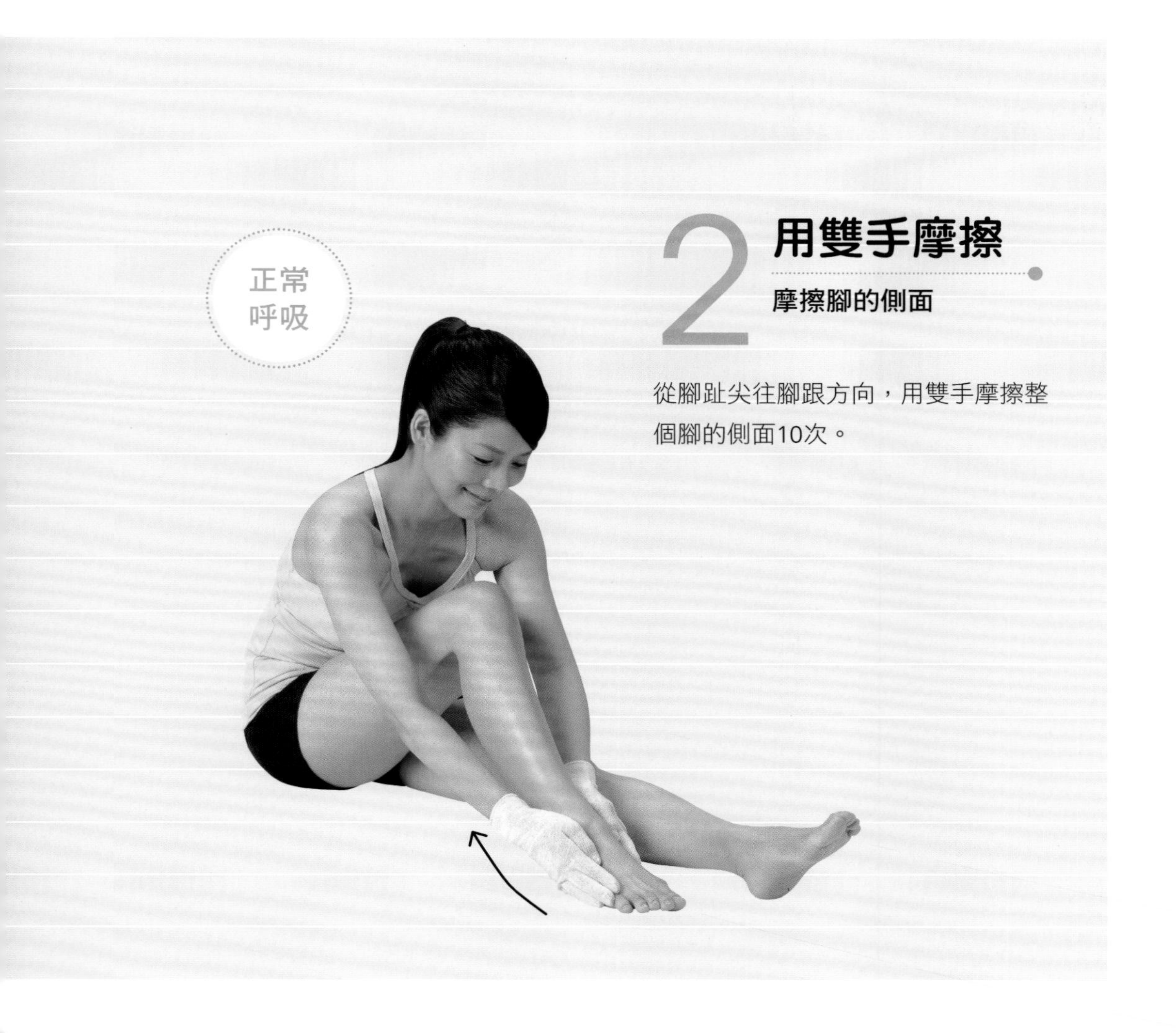

2 用雙手摩擦

摩擦腳的側面

從腳趾尖往腳跟方向，用雙手摩擦整個腳的側面10次。

這種時候該怎麼做？適合各種狀態的美胸操

3 摩擦腳跟

用手夾住腳跟，從踝骨下方開始往上摩擦10次。以正常呼吸慢慢摩擦。

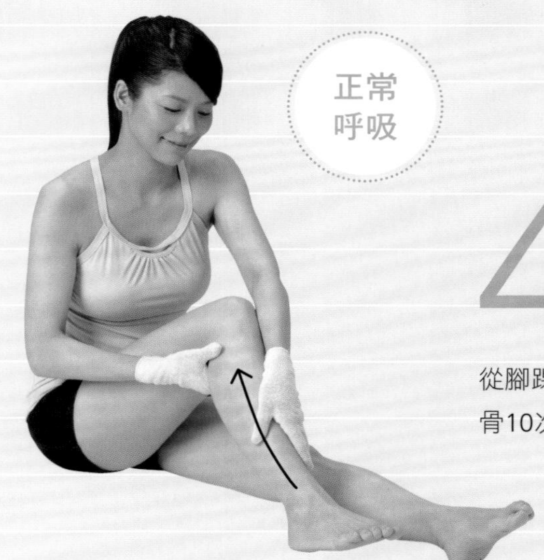

4 摩擦膝蓋下方

從腳踝往膝蓋方向，由下往上摩擦脛骨10次。

5 摩擦小腿肚

從腳踝往膝蓋內側，由下往上摩擦小腿肚10次。

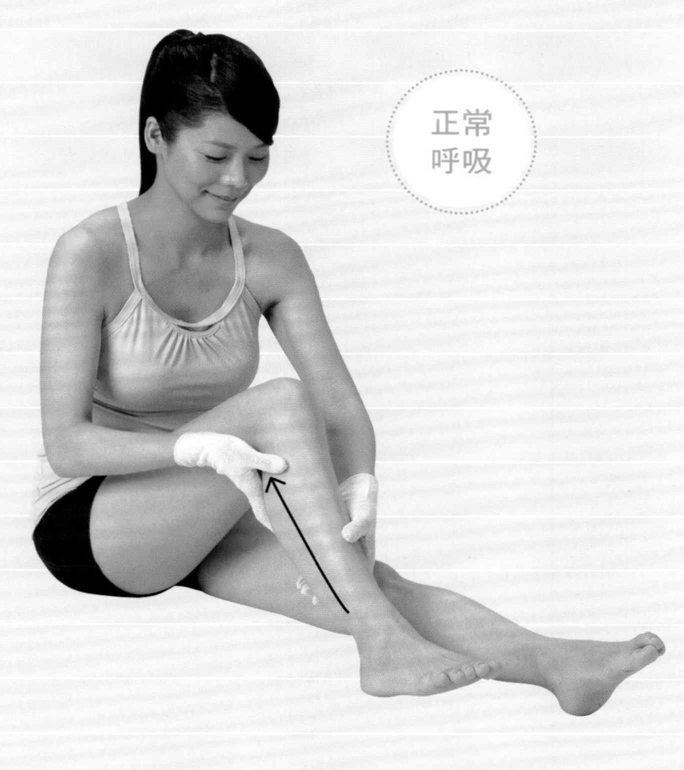

6 摩擦膝蓋周圍

使用雙手在膝蓋周圍，以畫圓方式慢慢摩擦10次。

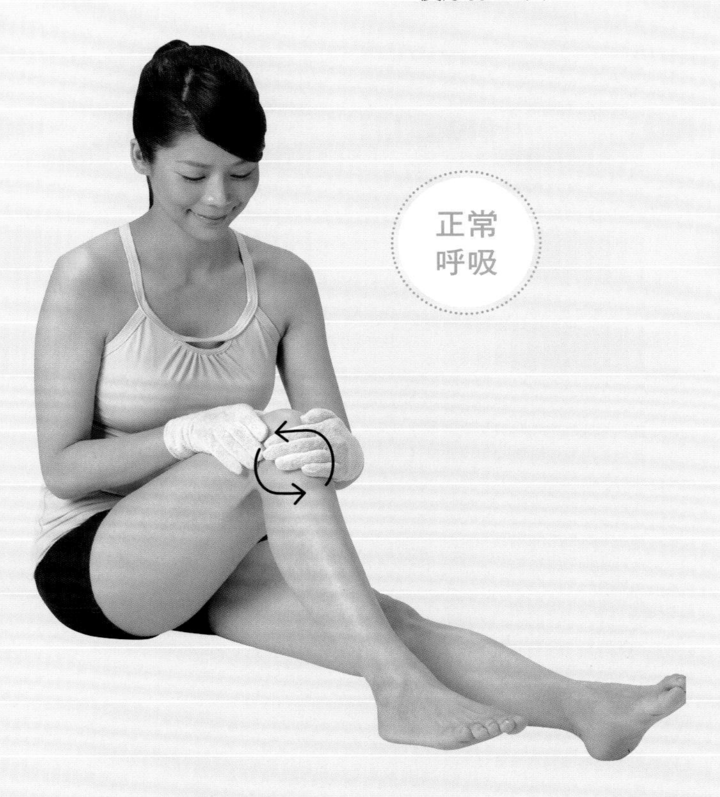

7 摩擦大腿內側

正常呼吸

從膝蓋朝向大腿鼠蹊處，彷彿搓揉般，用雙手摩擦大腿內側10次。

POINT

利用乾布摩擦改善寒冷體質！

使用乾布（蠶絲布）摩擦身體，可以促進排汗，燃燒皮下脂肪，具有瘦身效果。同時也擁有強化微血管的功效，推薦寒冷體質的人使用。摩擦時，要注意方向由下往上。

8 摩擦大腿外側

從膝蓋朝大腿後端方向摩擦大腿外側10次。

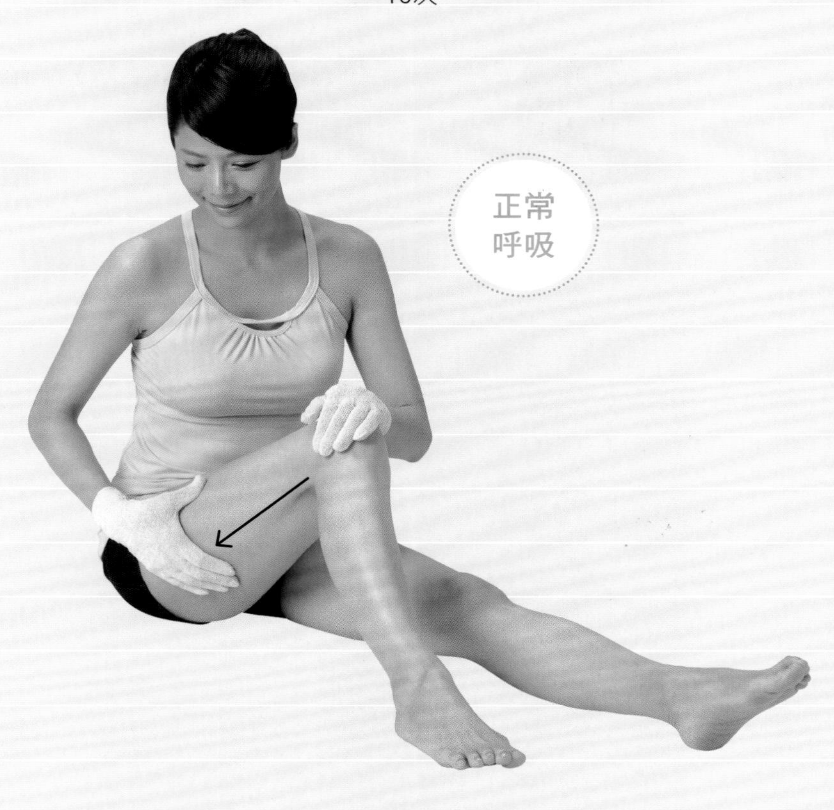

9 摩擦 整個大腿

用雙手確實夾住整隻大腿，從膝蓋朝著大腿後端摩擦10次。

到此右腳的動作就結束囉！接著左腳也按照步驟1～9開始摩擦。

>>> 消除突出的小腹

1 從劍突開始摩擦側腹部

輕輕張開手指，從胸部下方的劍突開始，往側腹方向摩擦10次。從劍突往側腹方向摩擦時，請緩慢吸氣，回到原處時吐氣。

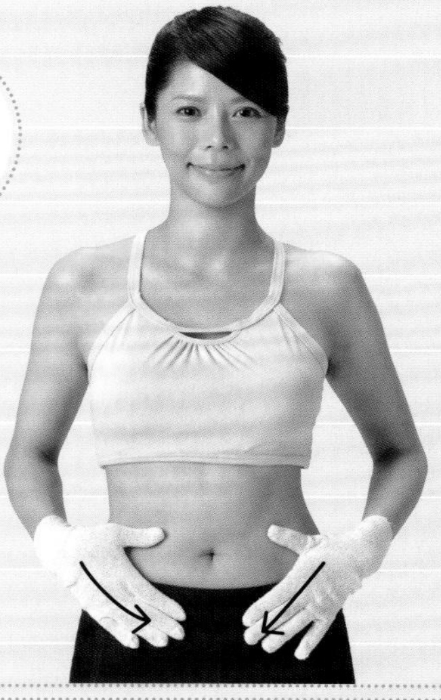

2 從髖骨開始摩擦雙腳鼠蹊處

把手放在髖骨上，從髖骨開始順著雙腳的鼠蹊處摩擦10次。朝向雙腳鼠蹊處摩擦時吐氣，回到髖骨時吸氣。

3 在肚臍下方畫圓摩擦

單手在肚臍下方順時針摩擦10次。這個動作作用在按摩小腸。

>>> 消除大餅臉

1 夾住雙耳摩擦

雙手夾住耳朵，上下移動雙手，摩擦臉頰到耳朵周圍。重複摩擦10次。

正常呼吸

2 摩擦下巴到耳下

雙手放在臉頰上，從下巴往耳下輕柔摩擦。重複摩擦10次。

3 摩擦頸部的淋巴

左手從右側頸部下方往上摩擦。重複摩擦10次。

接著左側頸部也以同樣方式，重複步驟3的動作。

懷孕期的體操

1 坐著練習美胸操

懷孕中的女性，早晚請以STEP 1的「伸展」為重點，練習美胸操。坐在地上，開始練習從P44-56的美胸操。

Q…懷孕時可以做美胸操嗎？

A…懷孕中更需要做美胸操喔！

●懷孕初期…

懷孕初期，以STEP 1「伸展」及STEP 3「撥胸（P62-69）」為重點，練習美胸操。

●懷孕後期…

懷孕後期，以STEP 1「伸展」及STEP 2「摩擦（P58-61）」為重點，練習美胸操。

POINT

利用美胸操提升體液循環！

懷孕時，乳腺變得異常發達，此時，必須提高體液循環，讓循環變得比平日更快速，而美胸操正能達到這種效果。不過最好避免刺激乳頭，在輕鬆的範圍內，開始練習。假如發生出血或腹部擴張的情況，請馬上到醫院檢查。

哺乳中的體操

>>> 感覺脹痛的時候

1 集中

把胸部往中央集中

請用雙手從背部往中央集中胸部。維持正常呼吸，剛開始請先深呼吸2～3次再集中。

Q…有可以改善哺乳期間胸部不適的體操嗎？

A…哺乳期間，往往容易出現「胸部脹痛」、「母乳分泌過少」等問題，遇到這種時候，請練習以下介紹的哺乳中體操。

2 往上托高

把胸部往上托高

正常呼吸

把剛才集中的胸部往上托高。要特別注意別讓集中的胸部跑掉。

這種時候該怎麼做？適合各種狀態的美胸操

3 搖晃

小幅搖晃胸部

確實往上托高胸部，小幅搖晃。緩慢深吸一口氣，再把氣吐出來。

吸氣
吐氣

POINT

解決哺乳期間胸部問題的方法

胸部脹痛或母乳分泌量不足時，請在練習體操之前，先飲用熱開水。熱開水對於胸部脹痛者而言，具有促進排出老廢物質的效果；而母乳分泌過少的人，喝了熱開水之後，可以促進體液循環，比較容易分泌母乳。

母乳分泌量過少時…

大幅搖晃胸部

母乳分泌量過少時，請做完步驟2之後，緩慢、大幅搖晃胸部。可改善體液循環，讓母乳變得容易分泌。

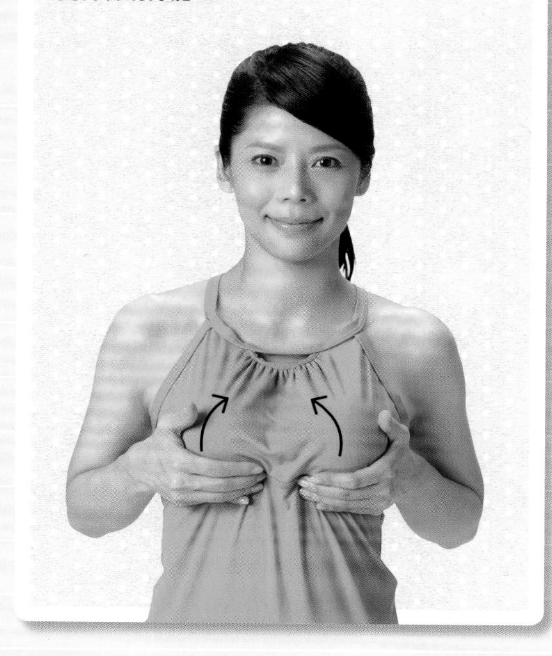

斷奶時的體操

1 基本的美胸操

斷奶時，早晚也要練習STEP 1～4的基本美胸操（P44-75）。此外，從步驟2開始還要增加摩擦體操。

2 用雙手摩擦胸部

雙手從左右乳房的中央開始往腋下摩擦，按摩胸部。呼吸法是往腋下摩擦時吸氣，回到中央時吐氣。這個動作重複做10次。

POINT

提高體液循環 讓身體變溫暖

從雙峰之間往腋下摩擦按摩，促進血液及淋巴液的循環，讓身體變溫暖。這裡是「胸腺」及眾多細胞集中之處。

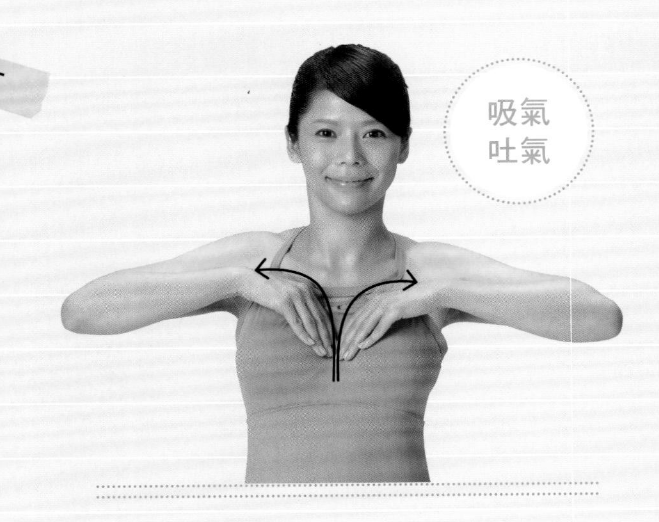

吸氣
吐氣

Q…斷奶之後，有什麼方法可以避免胸部下垂？

A…大部分的女性都有斷奶之後，擔心胸部下垂的煩惱。此時更應該要練習美胸操，而且還要特別摩擦胸部周圍，提升體液循環。

3 用單手摩擦胸部

單手把胸部往斜上方托高撐住，從胸部中間往腋下摩擦按摩。這個動作重複做10次，右邊胸部也以相同方式摩擦。

4 用雙手摩擦鎖骨下方

雙手從鎖骨下方的中央往外摩擦按摩，這個動作重複做10次。

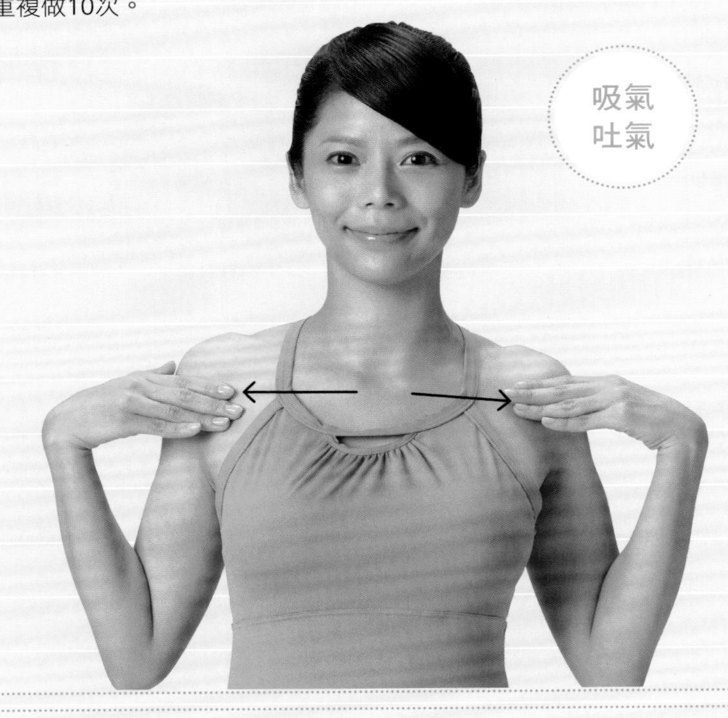

5 大幅搖晃胸部

用雙手慢慢往上大幅搖晃集中的胸部。往上搖晃時，慢慢吸氣再吐氣。

正常呼吸

生理期的體操

>>> 生理期前

確實加入伸展動作

生理期前，先練習基本的美胸操，再加入重點伸展，可以減輕生理疼痛。

>>> 生理期第1天及第2天

這2天休息不做體操

生理期第1天及第2天要讓身體充分休息，所以這2天停止所有的美胸操。

>>> 生理期第3天

最適合「摩擦＋搖晃」

休息2天之後，開始摩擦雙腳以及手臂，接著再搖晃胸部。

>>> 生理期第4天

在第3天的體操中加入「伸展」

完成雙腳及手臂的乾布摩擦按摩之後，再依照STEP 1「伸展」、STEP 4「搖晃」的順序，練習美胸操。

>>> 生理期第5天

開始恢復平日做的美胸操

從生理期第5天開始，在第4天的4 STEP美胸操中，加入骨盆伸展等動作，按照平日的方式，練習美胸操。

Q…生理期前、生理期間是不是應該暫停練習美胸操？

A…生理期第1、2天請休息，不要做美胸操。從生理期第3天開始，逐漸增加體操的內容比較適當，請見以下的說明。

1 從雙腳的乾布摩擦按摩開始

請從「瘦身中的體操（P84-95）」所介紹的雙腳乾布摩擦按摩開始進行，促進排出老廢物質，提升代謝速度。

這種時候該怎麼做？適合各種狀態的美胸操

2 手臂的乾布摩擦按摩

完成雙腳之後，接著進行手臂的乾布摩擦按摩。請參考STEP 2「摩擦（P58-61）」的説明。

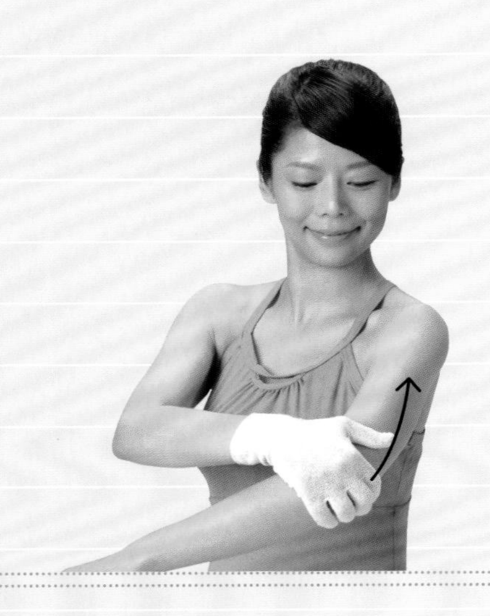

3 搖晃胸部

請參考STEP 4「搖晃（P70-75）」動作，進行搖晃胸部體操。

更年期的體操

Q…美胸操對於改善更年期症候群也有效果嗎？

A…更年期時，女性賀爾蒙減少，身體容易僵硬或浮腫。此時請利用乾布摩擦按摩促進代謝，再以伸展動作增加身體的彈力，讓全身獲得平衡。

>>> 基本體操中要加強的重點是…

1 重點加強 STEP 1「伸展」

重點加強STEP 1「伸展（P44-56）」動作，尤其要確實轉動肩膀。

這種時候該怎麼做？適合各種狀態的美胸操

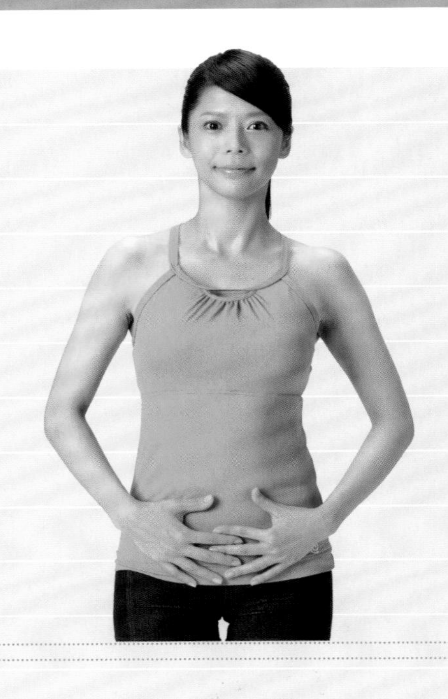

2 火呼吸

還要加強「火呼吸（P40-43）」。代謝速度會隨著年齡增長而降低，請利用這種體操來溫暖身體。

3 乾布摩擦按摩

利用STEP 2「摩擦（P58-61）」，與「瘦身中的體操（P84-95）」介紹的手臂及雙腳乾布摩擦按摩，來增進身體的代謝速度。

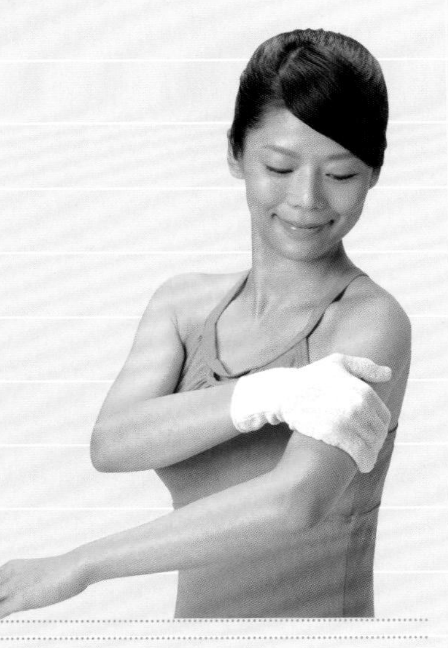

更年期提升代謝速度的建議！

胸腺按摩

COLUMN 5

「胸腺按摩」是指摩擦左右胸的中間、上下移動雙手的按摩法。每天加在美胸體操的4個步驟中，效果更顯著。

胸腺位於心臟附近，聚集大量淋巴的位置上，這裡是分泌淋巴液的部位。在日常生活中，胸腺無法和手臂或雙腳一樣經常活動，幾乎都不會運動到，所以胸腺按摩具有提升血液或淋巴液等體液循環，改善流動速度的效果。另外，摩擦身體的中心，也可以溫暖全身。

胸腺按摩非常簡單，沒有時間練習美胸操，又覺得身體寒冷時，在廁所或公司即可馬上按摩，實在很便利。剛開始摩擦時，可能會感到些許疼痛，所以，請以不會疼痛的強度緩慢摩擦，再慢慢增強力道。

按摩胸腺時，請和右邊的插圖一樣，把雙手的手背貼在一起按摩，合掌是錯誤的姿勢。另外，Kapha體質的人，比較適合稍微用力按摩，Vata體質及Pitta體質的人動作則要輕柔。

胸腺按摩具有提升體液循環，溫暖身體的效果，這種體操十分推薦更年期的女性練習。當你覺得自己的身體有問題時，隨時都可以按摩胸腺。

有瘦身效果！

上班時的美胸操

女性上班族一天之中有一半的時間待在公司。
以下要介紹的美胸操，在公司也能輕易偷偷練習，你一定要試試看。

1 在廁所

在廁所偷偷練習美胸操

建議你可以在廁所裡，隔著衣服搖晃胸部。不過，練習時，請記得確實把內衣裡的胸部集中之後再搖晃。

2 在座位上

利用椅子伸展身體

扭轉身體可以增進身體循環，用餐之前或想到時再做即可。另外，還可以練習「火呼吸（P40-43）」，及練習不打開雙腳的姿勢等，工作之餘，也可以輕易鍛鍊身材。

效果倍增！

洗澡時的美胸操

浴缸內有浮力，可以輕易搖晃胸部，還可以提高半身浴的效果。
好好放鬆身體，其實這是做美胸操最理想的條件環境。

1 摩擦

**沐浴之前
先進行乾布摩擦按摩**

沐浴之前，請先進行「手臂的乾布摩擦按摩（P58-61）」及「雙腳的乾布摩擦按摩（P84-91）」。這樣可以增進全身的體液循環，提升沐浴後的效果。

2 飲用熱開水

伸展之後再飲用熱開水

做完步驟1的「摩擦」之後，再以「伸展（P44-56）」動作延展身體，接著飲用熱開水。沐浴前後記得要補充水分，這點非常重要。喝完熱開水之後再沐浴。

每天隨時隨地打造理想身材！可以「同時」做的美胸操

3 搖晃

在浴缸內搖晃胸部

請浸泡在浴缸內，進行「撥胸（P62-69）」與「搖晃（P70-75）」的動作。在浴缸內可以提升美胸操的效果，還能放鬆身體。

如果採取淋浴方式…

至少要溫暖背部！

生活太忙碌，實在沒有時間泡澡時，請先用乾布摩擦按摩身體再淋浴。為了避免身體變冷，請利用熱水確實溫暖背部。身體不溫暖，就無法帶走緊張情緒，難以進入深層睡眠。沐浴之後，喝完熱開水，趁身體還未變冷之前，趕快上床就寢。

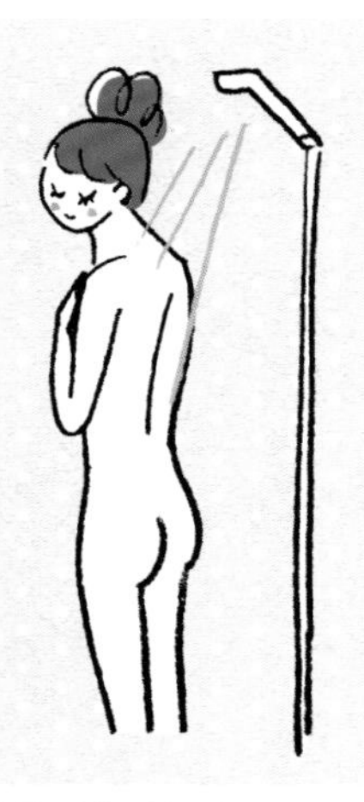

注意小細節可以帶來大轉變！

過著「不打開雙腳」的生活

COLUMN 6

不用說坐辦公室的人，幾乎大部分的人一整天幾乎有大半的時間都坐在椅子上。但是，搭捷運、待在辦公室、在家裡，坐在椅子上時，你都有併攏雙膝嗎？恐怕有半數以上的人坐著的時候，都會下意識地張開雙腳吧！

雙腳併攏而坐可以溫暖子宮與卵巢；反之，張開雙腳，則會導致大腿內側的循環變差，讓卵巢受涼。尤其坐捷運的時候，很少人會端正坐好。併攏雙膝，把腳合起來，不要坐滿，肩膀自然放鬆，才是正確的坐姿。

注意維持正確的坐姿，不僅可以溫暖子宮與卵巢，也能改善姿勢，連帶消除肩頸僵硬及寒冷體質等煩惱。難得每天努力練習美胸操，可是一整天有大半的時間都打開雙腳，持續讓卵巢受涼，維持錯誤的姿勢，就很難產生效果。如果你認真練習美胸操，卻看不出成效，不妨試著改善平常的坐姿。

坐著的時候，「雙膝併攏，合起雙腳，讓兩邊的腳跟靠在一起」是最正確的坐姿，請徹底矯正成這種姿勢吧！當你發現姿勢錯誤時，立即合起雙腳，自然就能矯正坐姿，溫暖受涼的子宮與卵巢，同時逐漸改善骨盆張開及肩頸僵硬等毛病。

另外，最重要的是，如此才能養成有女人味的儀態。搭乘捷運時，如果你仔細觀察坐著的女性就會發現，年輕人通常都張腿而坐；而成熟又有女人味的女性，坐著時都會併攏雙腳！

所以，注意坐姿正確與否，不僅能變健康，還能讓你成為儀態優雅的女性。

給想要善用時間的你！

做家事「同時」做美胸操

1 洗衣服時

確實伸展手臂

晾衣服時，比平常更注意伸展手臂，連同肩胛骨也一併延展，可以有效改善肩頸酸痛。

2 掃除時

伸展並且扭轉手臂

打掃高處時，確實伸展手臂，同時有意識地加入扭轉整隻手臂的動作，可以感覺全身都「伸展」了。

還有可以讓你邊做家事，例如洗衣服、打掃，邊做的體操。
這些全都是加強平常的動作，輕而易舉就能完成的運動。
請利用這些動作，有效運動身體吧！

3 打掃時

變成四足跪姿

四肢跪在地上時，胸部呈垂直狀態。對胸部而言，這是最理想的姿勢。雖然可以用拖把擦拭地板，不過仍建議你採取四足跪姿，以運動的想法來打掃。

4 打掃時

確實扭轉整隻手臂

擰乾抹布或毛巾時，別只用手腕，請以扭轉整隻手臂的作法來擰乾抹布。

POINT

解開內衣可以提升效果

不論洗衣或打掃都是在家裡，所以建議你可以解開內衣，讓胸部自由晃動。在這種狀態下邊作家事邊運動，效果會更顯著。尤其是呈現四足跪姿時，請一定要解開胸部再做。

利用排尿、排便、流汗等生理循環排出毒素

排毒的建議

COLUMN 7

人類的身體具備了以生理現象自然排出體內毒素的機制，也就是排尿、排便及流汗。對於女性而言，除了這3項之外，還有生理期。

生理期不僅是製造、孕育小孩而做的準備，同時也負起排出體內老廢物質等毒素的責任。當毒素較多時，經血量也會增加，所以體內毒素較少的人，經血量比較少，生理期也會縮短。倘若是體內毒素較少的人，生理期大約3～4天就結束。另外，生理期之前，減少攝取甜食或油膩食物，身體會比較舒服，有生理痛煩惱的人，最好能夠特別留意這點。

人最理想的狀態是一天排尿7～8次。有浮腫問題的人，通常排尿次數比較少。排尿次數多，仍有浮腫現象的人，可能是礦物質攝取不足導致。排尿次數較少的人，可以利用美胸操或下半身運動來減輕浮腫程度。

另外，也建議你飲用熱開水。冰涼的飲品會讓體內開始變寒冷，所以，最好養成每天飲用熱開水的習慣。別一口氣把熱開水喝光，而是以一口一口慢慢啜飲的方式，定期飲用。

一天排便2次最理想。排便之後，先往下沉，再浮起的糞便品質比較好，溫熱的糞便也比較健康。沖水式馬桶可能不太容易確認這點，不過排便不規律的人，請先以每天排便2次為目標。

以上這些狀況，利用美胸操及調整飲食生活，都可以獲得改善。

變得更加美麗健康！

與情人一起進行雙人按摩操

事實上，和1人獨自練習相比，雙人一組的按摩效果更顯著。
藉由觸摸彼此的身體，也能創造親密交流或彼此交談的機會。

1 支撐

用雙手支撐胸部

坐著把身體靠向對方身上，讓對方的雙手穿過你的腋下，從後方支撐胸部。

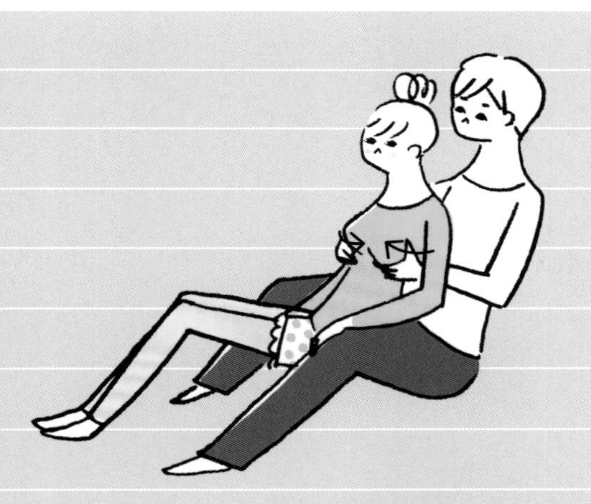

2 搖晃

用雙手搖晃胸部

對方用手掌把你的胸部往中央集中托高。在托高的位置，向上輕柔搖晃胸部。這個動作請重複10～20次。

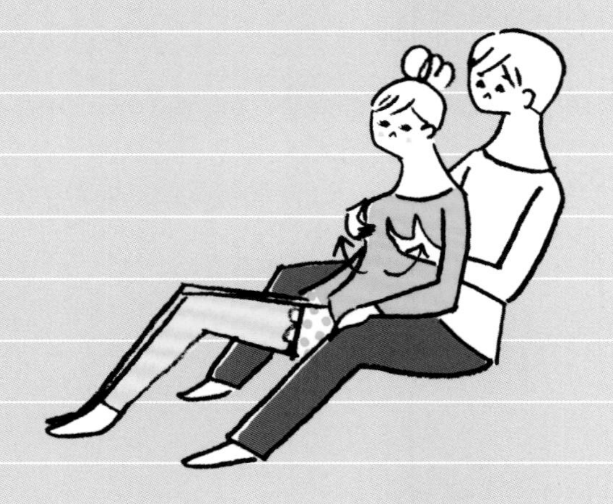

雙人美胸操

3 伸展

手臂往上伸展

對方用單手抓住你的左手肘，另一隻手扶著手腕，慢慢把手往上舉高伸展。這個動作請重複做5次。

4 伸展

身體倒向側面伸展

對方抓住你彎曲的左手肘，用右手支撐右肩。把左手肘往右按壓，伸展左邊的腋下。這個動作請重複做5次。

做到這裡，左手的動作就完成囉！右手也同樣重複步驟3～4。

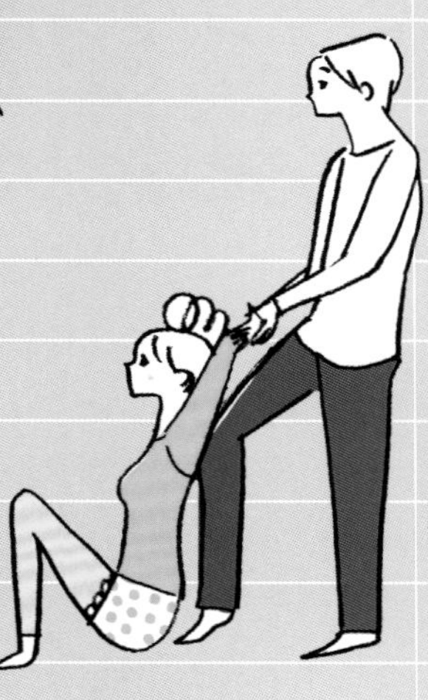

5 伸展

伸展肩胛骨

左右手分別抓住另一隻相反方向的手肘，放在頭部後方，讓對方把你的手臂往上舉，伸展肩胛骨及背部。這個動作請重複做10次。

伸展

彎曲腳踝伸展雙腳

讓對方按住你的左膝，垂直彎曲腳踝，維持10秒。接著讓腳踝倒向水平方向，維持10秒。這個動作請重複做5次。

右腳也同樣重複步驟6的動作。

7 搖晃

搖晃整隻腳

讓對方抓住你的左腳拇指與小指，把腳往上抬高，上下輕柔搖晃整隻腳。這個動作請重複做5次。

右腳也同樣重複步驟7的動作。

POINT

拋開壓力，舒暢心情，放鬆身體

如果對方是男性，必須特別注意，不要強力伸展或搖晃。練習的時候，請一邊緩慢調整力道，一邊確認對方的狀態。最重要的關鍵是，以放鬆舒服的感覺來做體操，避免強行用力，導致疼痛。

兼顧心靈與身體發育

親子模仿按摩操

1 摩擦

摩擦孩子的背部

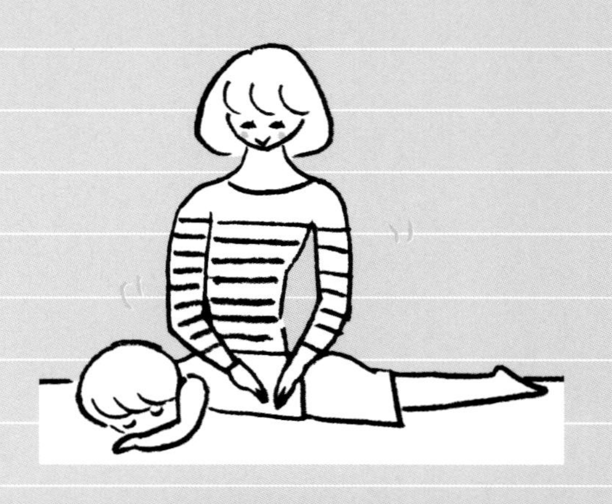

最理想的狀態是進行全身按摩。讓孩子趴著，由媽媽或爸爸幫忙按摩孩子無法按摩到的背部。

POINT

注意淋巴的流動狀態

摩擦背部時，要順著淋巴流動的方向按摩。請依照下面插圖標示的編號，由上往下，從背部的中央往外按摩。戴上乾布（蠶絲）手套摩擦，效果更顯著。

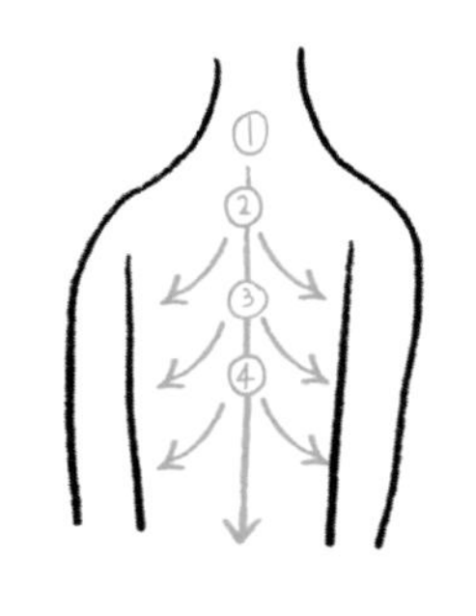

從年幼時期開始，教導孩子練習美胸操，長大之後，
孩子們就可以進行自我保養。
首先，請孩子從模仿媽媽的按摩動作開始練習。

2 模仿

親子一同模仿按摩動作

媽媽先依照「伸展」、「摩擦」、「撥胸」、「搖晃」的順序，進行美胸操。接著，讓孩子跟著模仿練習。

POINT

增進孩子體液循環的方法

當媽媽搖晃胸部時，請教導孩子依照下圖的作法，在乳頭周圍往外畫圓。這麼做可以提升胸部周圍的體液循環。

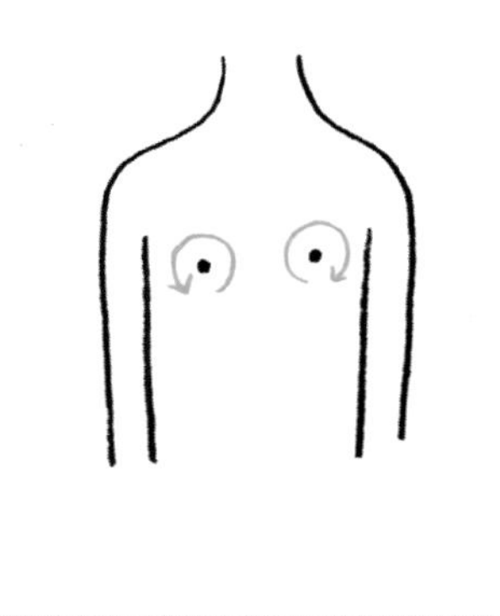

COLUMN 8

與人體的第二個大腦──「皮膚」對話

自然聯繫情感的方法

你知道嗎，前面介紹過的「與情人一起進行雙人按摩操（P119）」、「親子模仿按摩操（P122）」體操，藉由肌膚相互接觸，可以帶來療癒效果。

雙人按摩可以感受到與男友之間的情感連結，或者和孩子之間的親情羈絆。在不知不覺當中，觸動身為女性的天性，讓心靈獲得平靜。

皮膚又稱作是人體的第二個大腦。想成為心靈與身體都十分健康的女性，絕對不能缺少體會情感羈絆、肌膚之親的交流。這種溝通方式會以副交感神經為優先，達到舒緩身心，放鬆全身的效果。

建議從孩子小的時候開始，進行嬰兒按摩。到了幼年時期，展開模仿按摩訓練，讓孩子自然學會接觸自我的舒適感。當他們逐漸記住如何按摩自己，就能從中學會自我療癒身體的基本方法。在幼年時期提供這種體驗，到了青春期，便可讓孩子學會保養心靈與身體的能力。

此外，尤其是小女孩，從小就要教導他們避免飲用冰涼飲品，注意別讓身體受涼，養成早睡早起的習慣，這也是身為母親的責任。

男孩與女孩的身體從青春期開始，就會出現重大變化。其實3歲之後，即使男女的身高及體重相同，女孩的身體仍然比男孩柔軟。從幼年時期開始按摩身體，可以讓孩子注意自己的身體狀況，成長為維繫下一代生命的女性。

男孩透過肌膚接觸的方式，可以學會信賴情感、對母親產生尊敬之心、建立未來組成家庭時，守護妻兒等社會化的行為及責任感基礎。

Lesson

3

維持20歲
身體的6大祕密

雙峰及臀部是女性身體的美麗象徵，
隨著年齡增長，會出現極大的變化。
不過只要持之以恆，努力練習美胸操，
再加上注意這裡介紹的6大原則，
維持理想的20歲美好身材，將不再是夢想。

1 打造不寒冷體質

養成喝熱開水的習慣，從體內開始溫暖身體。

不僅要由外溫暖身體，也要從體內開始加溫。若想打造出不會寒冷的身體，建議你一定要「飲用熱開水」。因為冰涼的飲品會讓身體變冷，消化能力也會隨之減弱。

把裝了自來水的茶壺放在瓦斯爐上加熱15分鐘，將水煮開，即可變成熱開水。煮開水時，要把蓋子打開，煮至沸騰，才能去除有害物質。請在早、午、晚用餐前及沐浴前，每次飲用100～150cc的熱開水。別一口喝下去，請一口一口慢慢啜飲。

飲用熱開水的好處……

- 溫暖身體
- 促進唾液分泌，提高消化機能
- 抑制腸道製造廢氣
- 幫助排出血液中的老廢物質及毒素
- 哺乳時期可以促進母乳分泌
- 調整全身的平衡

TOPIC 溫暖身體 高級篇

別讓「三部位」受涼

所謂的三部位是指：頸部、手腕、腳踝。在寒冷季節裡，請善用圍巾、手套等禦寒工具，盡量別讓這三個部位受涼。另外，腹部也用腹圍來保暖吧！

外食時 避免飲用冰水

有時餐廳端出來的開水會加入冰塊冷卻，事實上，這樣會讓你的身體在不知不覺中變冷，所以請盡可能麻煩店員提供熱開水。

2 就寢前浸泡熱水澡

採適合個人體質的沐浴方法，渡過有效的泡澡時光。

到了晚上沐浴時間，輕鬆浸泡在浴缸內，促進身體排汗，可以提高睡眠品質。其關鍵就在於：配合體質，選擇沐浴方法。

風（Vata）型的人，請用溫熱的洗澡水逐漸溫暖身體，浸泡在浴缸內，舒緩身體以及神經。火（Pitta）型的人要快速進入溫熱的洗澡水內，避免長時間泡澡。水（Kapha）型的人要浸泡熱一點的水，刺激身體及神經，效果比較明顯。另外，不論哪種類型的人，都可以在晚上採取泡澡半身浴，早上以淋浴方式，讓自己神清氣爽。

沐浴的好處……

●促進血液循環

泡澡可以壓迫靜脈及淋巴管。從浴缸中起身時，瞬間讓血液流動到微血管，可以提高血液循環。

●得到放鬆效果

當體內也變溫暖時，可以鬆弛緊繃的肌肉，舒緩身體，調整自律神經，得到放鬆身心的效果。

●提升肌力

邊泡澡邊練習美胸操及伸展動作，藉由水中的浮力減少關節負擔，可說是最適合提升肌力的環境。

TOPIC 沐浴方法 高級篇

微微冒汗

泡澡時，請搭配美胸操，做到略微出汗的程度。大量流汗會導致礦物質流失，所以適當的參考基準是：做到毛孔張開的程度即可。

大量深呼吸

浴缸中會冒出許多蒸氣，請在此時大量深呼吸。如此不僅可以濕潤黏膜，也具有提高放鬆身心的效果。

3 每週一次 在晚上10點前就寢

掌握修護時間，過著高睡眠品質的生活。

進入深層睡眠時，正是女性賀爾蒙大量分泌的時期。一旦睡眠的節奏混亂，會連帶引起寒冷體質、消化功能降低、肌膚乾燥、肥胖等症狀。請在就寢前30分鐘，先把房間的光線調暗，讓五感休息。

另外，在晚上10點到早上5點睡覺，可以促進女性賀爾蒙分泌。請掌握右表的修護時間，至少每週1次早睡早起。

你一定要知道的黃金修護時間

●【22：00～2：00】
身體的修護時間

深夜的深層睡眠正是成長賀爾蒙分泌旺盛的時刻，可以修護身體及神經。

●【2：00～6：00】
心靈的修護時間

深夜到早上是修護心靈的賀爾蒙，分泌最旺盛的時候。

●【6：00～10：00】
排毒的修護時間

早上是排毒時間。利用淋浴、伸展動作或上廁所，可以讓整個人變得神清氣爽。

TOPIC 迅速入眠 高級篇

在晚上10點前入睡

晚上10點～2點之間，是各種賀爾蒙分泌旺盛的時期。請至少每週1次或2天1次早睡早起。

太晚吃晚餐要減少分量

千萬不能吃飽就馬上睡覺。當晚餐比較晚吃的時候，最好只喝湯品等輕食類的餐點，才能維持良好的睡眠品質。

4 找出可以讓自己放輕鬆的東西

找出可以療癒內心的東西

越忙於工作的人，越必須穩定支持身體運作的能量。請放空自己，靜心冥想或找出可以讓自己鬆一口氣，放鬆身心的事物。接觸大自然，親近貓、狗或小嬰兒等，都是消除壓力，獲得療癒的好方法。

另外，對鏡中的自己露出微笑或大聲尖叫，也有不錯的效果。請多鼓勵自己，自我療癒。無論是玩偶或鑰匙圈，只要是能讓自己感到療癒的東西，不論什麼都可以嘗試用來放鬆心情。

作者的放鬆小物是……

●樹木

只要抱著種植在自家庭院中的大樹，自然就能心平氣和，獲得力量。當我想讓自己煥然一新，或感到疲憊不堪時，就會擁抱或觸摸大樹。

TOPIC 放鬆 高級篇

找出傾聽自己心聲的場所

附近的公園、廟宇、咖啡店等，每天造訪1次讓自己可以感到放鬆的場所。或者每週1次也可以。

試著每天停下腳步1次

人類必須有停下腳步，好好喘息靜心的時間。每天只要10分鐘就夠了，在就寢之前，試著保留讓自己放鬆的時間。

5 控制肉類及乳製品的攝取量

從每天的飲食中獲得活力

人類的身體活力來自每日的飲食，這是眾所周知的事實。和歐美人士相比，東方人對於動物性食物的消化能力比較差，所以飲食中必須稍微控制肉類及乳製品攝取量。

尤其是肉類中的脂肪，人體必須花費較長的時間才能完全消化，而且容易在體內堆積起未消化物及老廢物質，這種情況正是引起身體諸多不適的原因之一。乳製品容易引起消化不良，若要食用肉類或乳製品，請在消化較好的白天食用。

女性需要的「Ojas（活力）」，通常都包含在剛炊好的米飯以及剛煮好的味增湯裡，所以建議你最好一天吃2次中式料理。

何謂Ojas？

Ojas是指以阿育吠陀為基礎，讓身體充滿元氣的活力素，具有控制身體及心靈免疫力的作用。對於孕育腹中胎兒的女性來說，絕對不能缺少Ojas。而Ojas只存在於剛烹調好的「熱騰騰食物」中。

TOPIC 飲食 高級篇

攝取高出肉類3倍的蔬菜

食用肉類之後，為了避免血液變混濁，必須攝取3倍的蔬菜。利用汆燙或蒸煮的方式，即可輕易攝取到大量蔬菜。

加入排毒食譜

飲食過量的隔天，請試著烹調P131介紹的「排毒蔬菜湯」！還可以搭配方便攜帶的排毒香料粉或藥丸。

排毒蔬菜湯

飲食過量的隔天，或者沒有食慾的時候，
請利用「排毒蔬菜湯」來替身體大掃除。

材料（6-7碗的分量）

- ●白蘿蔔…1/3根
- ●紅蘿蔔…中1根
- ●洋蔥…大1顆（中型2顆）
- ●高麗菜…1/2顆
- ●昆布…10×10cm 1片
- A
  - ●山椒粒…10顆
  - ●白胡椒粒…10顆
  - ●芫荽籽…20顆
  - ●月桂葉…2片
- ●大蒜…2瓣（拍碎）
- ●薑…50g（片）
- ●蘋果…1顆
- ●水…適量

作法

1. 把A放入泡茶或高湯用的袋子裡。
2. 再把大蒜、薑片放入另一個泡茶或高湯用的袋子裡。
3. 白蘿蔔與紅蘿蔔不削皮，洋蔥剝皮洗乾淨，高麗菜用水清洗，以垂直纖維的方式切成絲。
4. 鍋內放入1～3的材料，再加入昆布，煮至沸騰。剛開始用大火，沸騰之後，從中火轉成小火熬煮。
5. 等到高湯變成原來的四分之三，加入切片的蘋果，大約燉煮15分鐘。
6. 關火之後，用棉布或廚房紙巾過濾高湯。

香料粉（日式Trikatu）

只要撒在外食或便利商店的便當上，
就可以轉化成提升消化力的餐點。

材料

- ●薑粉…2大匙
- ●山椒粒…1大匙
- ●胡椒（粉）…1大匙

作法

把所有材料放入可以封口的塑膠袋內，徹底混合。每餐在餐食中加1小撮後再食用。

Trikatu藥丸

這是和香料粉一樣，可以隨身攜帶的排毒食譜。用餐前食用能提升消化力，讓毒素不易囤積在體內。

材料

- ●黑胡椒（粉）…1大匙
- ●薑粉…1大匙
- ●長胡椒（粉）…1大匙
- ●蜂蜜或楓糖…適量

作法

1. 在碗內放入黑胡椒、薑粉、長胡椒攪拌均勻，再一點一點倒入蜂蜜混合。
2. 等到變成和麵糰一樣軟時，再搓成直徑3mm的藥丸狀。

6 挑選適合胸部的內衣

依照賀爾蒙分泌的週期選擇內衣

胸部的大小會受到黃體素、雌激素等2種女性賀爾蒙的週期影響，而出現變化。女性賀爾蒙正常分泌的人，按照這個週期，胸部的尺寸可能會差上一個罩杯。所以最理想的作法應該是配合週期，穿著適合胸部尺寸的內衣。

此外，可以托提胸部的內衣，雖然能擠出深V乳溝，可是裡面的鋼圈卻會妨礙血液及淋巴液的循環，胸部反而會變得硬梆梆。經常運動胸部，讓雙峰變得柔軟有彈性，穿上鋼圈內衣時，還是可以完整包覆胸部，不用太擔心。但儘管如此，仍不建議每天穿著。請搭配TPO（時間、場所、場合），只在必要的時候，穿著有鋼圈的內衣，其他的日子選穿無鋼圈內衣，而且每週1次過著不穿內衣的生活。

依照賀爾蒙週期換穿內衣！

●雌激素期可以穿著有鋼圈的內衣
雌激素期的體液循環良好，即使穿著有鋼圈的內衣也沒問題。只不過，厚水餃墊會導致血液循環變差，最好斟酌厚度。

●黃體素期選擇無鋼圈內衣
在循環變差的黃體素期，請選擇運動內衣或無鋼圈內衣。這個時期肩頸也容易僵硬，最好穿著壓力較小的內衣。

內衣的正確穿法

穿著有鋼圈的內衣時，要徹底把胸部撥入內衣之中。

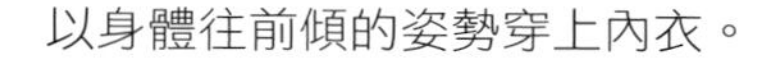

1 以身體往前傾的姿勢穿上內衣。

2 將胸部往內撥，用拇指以外的4根手指指腹，把胸部往內集中，放入罩杯裡。

讓美胸操變得更輕鬆，輔助美胸操的工具

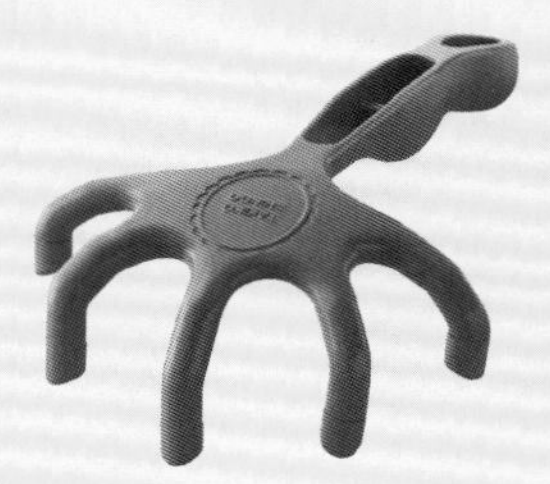

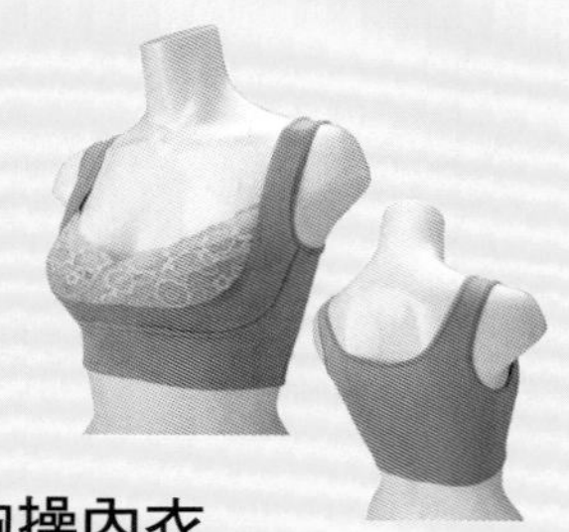

美胸操神手

定價：2,980日幣（含稅）

這個「撥胸」工具能讓每個人都擁有神藤多喜子老師的撥胸神技。胸部下垂、變形都是因為胸部的韌帶黏在肌肉上的緣故。只要把胸部的韌帶從肌肉上剝離，就能恢復原本的美麗雙峰，請利用這種可以重現老師神技的特殊工具按摩胸部。此工具設計成可輕易用力的形狀，並且採用不會弄痛肌膚的柔軟材質，每個人都可以輕易完成「撥胸」，有做指甲彩繪的人也可以使用。

美胸操內衣

尺寸：S、M、L／定價：4,980日幣（含稅）

這套內衣可以在不知不覺中，幫你進行「美胸操」。利用特殊的襯墊構造，從下方確實支撐住胸部，實現不往下晃動，只往上搖動的「美胸操」基本步驟。同時還可以防止副乳，雕塑背部曲線，維持良好姿勢。

商品諮詢：Dream股份有限公司
「客服電話」0120-559-553
「URL」http://www.mydream.co.jp/

作　　者　神藤多喜子
譯　　者　吳嘉芳
責任編輯　溫淑閔
主　　編　溫淑閔
版面構成　張哲榮
封面設計　韓衣非

行銷副理　羅凱頤
總 編 輯　姚蜀芸
副 社 長　黃錫鉉
總 經 理　吳濱伶
發 行 人　何飛鵬

【樂活人生】2AF704

UP！10分鐘美胸操！

打造20歲彈性肌＋黃金比例好身材，身體從內到外變美麗！

日文版工作人員

設　　計　五味朋代　寺澤圭太郎（Achiwa Design室）
編　　輯　太田京子
攝　　影　鈴木伸之（CROSS BOAT）
插　　畫　naho ogawa
模 特 兒　森島渚（奧斯卡傳播）
髮　　妝　田島沙智子（六本木美容室）
服裝協助　Suria

出　　版　電腦人文化／創意市集
發　　行　城邦文化事業股份有限公司
　　　　　歡迎光臨城邦讀書花園
　　　　　網址：www.cite.com.tw

香港發行所　城邦（香港）出版集團有限公司
　　　　　香港灣仔駱克道193號東超商業中心1樓
　　　　　電話：(852) 25086231
　　　　　傳真：(852) 25789337
　　　　　E-mail：hkcite@biznetvigator.com
馬新發行所　城邦(馬新)出版集團
　　　　　Cite (M) Sdn Bhd
　　　　　41, Jalan Radin Anum, Bandar Baru Sri Petaling,
　　　　　57000 Kuala Lumpur, Malaysia.
　　　　　電話：(603) 90578822
　　　　　傳真：(603) 90576622
　　　　　E-mail：cite@cite.com.my

展售門市　台北市民生東路二段141號1樓
製版印刷　凱林彩印股份有限公司
初版一刷　2014（民103）年6月
I S B N　978-986-5751-33-3
定　　價　320元

若書籍外觀有破損、缺頁、裝訂錯誤等不完整現象，想要換書、退書，或您有大量購書的需求服務，都請與客服中心聯繫。

客戶服務中心
地址：10483台北市中山區民生東路二段141號2F
服務電話：（02）2500-7718、（02）2500-7719
服務時間：週一至週五 9：30～18：00
24小時傳真專線：（02）2500-1990～3
E-mail：service@readingclub.com.tw

國家圖書館出版品預行編目資料

UP！10分鐘美胸操！打造20歲彈性肌＋黃金比例好身材，身體從內到外變美麗！/ 神藤多喜子著.
-- 初版 -- 臺北市；創意市集出版
城邦文化發行，民103.06
面；　公分
ISBN 978-986-5751-33-3（平裝）

1.體操 2.美容

425.1　　　103007320